essentials

Essentials liefern aktuelles Wissen in konzentrierter Form. Die Essenz dessen, worauf es als „State-of-the-Art" in der gegenwärtigen Fachdiskussion oder in der Praxis ankommt, komplett mit Zusammenfassung und aktuellen Literaturhinweisen. Essentials informieren schnell, unkompliziert und verständlich

- als Einführung in ein aktuelles Thema aus Ihrem Fachgebiet
- als Einstieg in ein für Sie noch unbekanntes Themenfeld
- als Einblick, um zum Thema mitreden zu können.

Die Bücher in elektronischer und gedruckter Form bringen das Expertenwissen von Springer-Fachautoren kompakt zur Darstellung. Sie sind besonders für die Nutzung als eBook auf Tablet-PCs, eBook-Readern und Smartphones geeignet.

Essentials: Wissensbausteine aus Wirtschaft und Gesellschaft, Medizin, Psychologie und Gesundheitsberufen, Technik und Naturwissenschaften. Von renommierten Autoren der Verlagsmarken Springer Gabler, Springer VS, Springer Medizin, Springer Spektrum, Springer Vieweg und Springer Psychologie.

Dietmar Allmendinger

Heizstrategie – Die Simulation von Heizungsanlagen

Für Studierende, Techniker und interessierte Laien

Dietmar Allmendinger
Weil der Stadt
Deutschland

Ergänzendes Material finden Sie auf springer.com/978-3-658-11939-3

ISSN 2197-6708   ISSN 2197-6716 (electronic)
essentials
ISBN 978-3-658-11939-3   ISBN 978-3-658-11940-9 (eBook)
DOI 10.1007/978-3-658-11940-9

Die Deutsche Nationalbibliothek verzeichnet diese Publikation in der Deutschen Nationalbibliografie; detaillierte bibliografische Daten sind im Internet über http://dnb.d-nb.de abrufbar.

Springer Vieweg
© Springer Fachmedien Wiesbaden 2015

Gedruckt auf säurefreiem und chlorfrei gebleichtem Papier

Springer Fachmedien Wiesbaden ist Teil der Fachverlagsgruppe Springer Science+Business Media
(www.springer.com)

Was Sie in diesem *essential* finden können

- die mathematischen und physikalischen Grundlagen für das Beheizen eines Gebäudes
- Die Umsetzung der mathematischen Funktionen in Simulationsmodelle für Heizungsanlagen
- Simulationsprogramme und Anleitungen zur Berechnung des 24-h-Energieverbrauchs eines Gebäudes
- Anleitung zur Ermittlung der Parameter, die das thermische Verhalten eines Gebäudes bestimmen
- Ein Simulationsprogramm mit Anleitung zur optimalen Einstellung eines Urlaubsprogramms einer Heizungsanlage
- Ergebnisse aus durchgeführten Simulationen

Inhaltsverzeichnis

1 Einführung 1

2 Kurzbeschreibung der Simulation 3

3 Die Abkühlung eines Raumes 5

4 Das Aufheizen eines Raumes 9

5 Das Aufheizen eines Raumes bei gleichzeitiger Abkühlung 13

6 Das Aufheizen bei abgesenkter Innentemperatur 21

7 Die Leistung der Heizquelle bei konstanter Innentemperatur 25

8 Die gleitende Leistungsanpassung beim Aufheizen 27

9 Ist der Energieverbrauch abhängig von der
   Aufheizgeschwindigkeit? 33

10 Die Rechenmodelle 37

11 Die Eingabe- und Ergebnisdaten der Rechenmodelle 45

12 Ergebnisse aus Simulationen 49

13 Simulation einer Heizungsanlage im Urlaubsbetrieb   55

14 Die Ermittlung der Gebäude-Konstanten τ und C   61
Die Konstante τ   61
Die Konstante C   63
Kontrolle der ermittelten Werte durch eine 24-Stunden-Messung   64

15 Welche Erkenntnisse lassen sich aus den Simulationen gewinnen? . . .   67

Was Sie aus diesem Essential mitnehmen können   69

Literatur   71

Der Autor

Dietmar Allmendinger Dipl.-Ing. im Ruhestand. Berufliche Tätigkeiten: Im Bereich Nachrichtentechnik: Konzipieren von Telekommunikationsnetzen, Digitalisierung des Telefonnetzes der Telekom, Aus- und Fortbildung von Nachwuchskräften, mehrere Auslandseinsätze.

Interessengebiete: Naturwissenschaft, Technik, Philosophie.

Einführung

1

Die Basis der Simulation ist die mathematische Beschreibung der Vorgänge in den einzelnen Phasen des Heizungsbetriebs.

- Heizung zur Aufrechterhaltung einer konstanten Temperatur
- Abkühlung auf eine abgesenkte Solltemperatur
- Heizung zur Aufrechterhaltung der abgesenkten Temperatur
- Aufheizvorgang nach der Absenkungsphase

Für jede dieser Phasen werden die physikalischen und mathematischen Beziehungen aufgesucht und in die Form gebracht, die zu einer 24-stündigen Simulation im Kalkulationsprogramm Excel erforderlich ist. Es handelt sich also keineswegs um eine zeittreue Simulation; die Ergebnisse stehen vielmehr sofort nach Eingabe einer Änderung zur Verfügung. Das Ziel der Simulation ist die Ermittlung des Energieverbrauchs in kWh über 24 h. Deshalb werden alle mathematischen Funktionen als zeitabhängige Funktionen abgeleitet.

Da für den Betreiber einer Heizungsanlage auch das Verhalten der Anlage im Urlaubsbetrieb interessant sein kann, wird zuletzt noch eine Simulation über mehrere Tage mit abgesenkter Temperatur beschrieben.

In die Simulation sind folgende physikalische Grundlagen einbezogen: Ein Gebäude, das durch eine Heizungsanlage mit Wärme versorgt wird, wird als ein mit einer isolierenden Hülle umgebener Körper betrachtet, dessen Inneres durch Wärmezufuhr auf eine Temperatur gebracht wird, die über der Umgebungstemperatur liegt. In diesem Zustand verliert der Körper ständig Wärmeenergie infolge der endlichen Wärmeleitfähigkeit isolierender Stoffe. Die sich im Inneren der Gebäudes einstellende Temperatur entsteht aus einem Gleichgewichtszustand von zugeführter und abfließender Wärmeenergie.

© Springer Fachmedien Wiesbaden 2015
D. Allmendinger, *Heizstrategie – Die Simulation von Heizungsanlagen*, essentials,
DOI 10.1007/978-3-658-11940-9_1

Die Wärmeströme lassen sich im Modell etwa so beschreiben: Einerseits wird Wärme in das Gebäude transportiert und dort verlustlos gespeichert: die Nutzwärme. Andererseits gibt es einen Wärmetransport in das Gebäude, der dieses in gleicher Größe wieder verlässt; es ist die Verlustwärme.

Das thermische Verhalten des Gebäudes lässt sich durch 2 Materialeigenschaften beschreiben:

1. Um das Innere des Gebäudes um 1 °C zu erwärmen, ist eine Wärmemenge erforderlich, die sich aus der Menge und der Art der Materialien ergibt (Baustoffe, Mobiliar, Luft). Dieser Wärmewert wird als Parameter C eingeführt mit der Dimension kWh/K. In der Terminologie der Physik ist C die Wärmekapazität des Gebäudes.

2. Ein zweiter Koeffizient bestimmt die Abkühlungsgeschwindigkeit des 'Körpers'. Wird die Energiezufuhr gestoppt, dann fällt die Innentemperatur des Gebäudes bis auf den Wert der Außentemperatur ab. Dies geschieht mehr oder weniger schnell, je nach den Eigenschaften der isolierenden Hülle. Die Dimension des Parameters τ ist $[\tau] = h$ [Stunden]. Seine Größe wird allein durch die Materialeigenschaften der Hülle bestimmt. Vgl. dazu Kap. 3.

In der isolierenden Hülle findet ein Wärmetransport von innen nach außen statt. An der äußeren Oberfläche wird die Wärme durch Strahlung oder durch Konvektion an die Außenluft abgegeben.

Der hier im Modell der Physik beschriebene 'Körper' meint das Gebäude, das von einer Heizungsanlage mit Wärme versorgt wird. Dazu gehören alle Räume, die beheizt werden.

Die beiden Koeffizienten C und τ haben gebäudespezifische Werte und sind nicht theoretisch ermittelbar; sie müssen über Zeit-, Energie- und Temperaturmessungen erhoben werden.

Die hier vorgestellte Simulation des thermischen Verhaltens eines Gebäudes setzt voraus, dass eine Heizungsanlage installiert ist, die durch Außentemperaturfühler gesteuert wird und Nachtabsenkungen zulässt. Daneben müssen die beheizten Räume über eine individuelle Temperaturregelung verfügen.

Mathematische Ableitungen und Umformungen sind nicht jedermanns Sache, obwohl sie zu einem vertieften Verständnis der Vorgänge führen. Es wird deshalb für jene Leser, die sich mehr für die praktische Anwendung des Verfahrens interessieren, hier eine Kurzbeschreibung angeboten.

Kurzbeschreibung der Simulation

Eine Simulation umfasst den Zeitraum von 24 h. In diesem Zeitraum kann eine Nachtabsenkung enthalten sein. Dadurch entstehen die schon genannten 4 Phasen: sie sind bezeichnet als Bereiche I, II, III und IV. Vergleiche hierzu Abb. 2.1.

Im Bereich I ist die Heizenergie für die Konstanthaltung der Innentemperatur ϑ_2 aufzubringen; ihr kann eine beliebige Außentemperatur ϑ_0 zugeordnet werden. Im Bereich II fällt die Innentemperatur durch Abkühlung ab auf die vorgegebene Temperatur ϑ_1. Zur Aufrechterhaltung dieser Temperatur im Bereich III muss ebenfalls Heizenergie aufgebracht werden. Nach Ende der Nachtabsenkung folgt der Bereich IV des Aufheizens. Die Heizungsanlage arbeitet mit der Leistung N_0; dabei findet auch die Abkühlung Berücksichtigung. Nach diesen genannten Zeitabschnitten folgt wieder der Bereich I, in dem die Innentemperatur auf ϑ_2 gehalten wird.

Für die Simulation müssen einmal Beginn und Ende der Nachtabsenkung eingegeben werden, dazu die Temperaturen ϑ_0, ϑ_1 und ϑ_2 und die Nennleistung N_0 [kW] der Heizungsanlage. Daneben sind noch 2 Gebäudedaten erforderlich: Die Wärmekapazität C [kWh/K] des Gebäudeteils, das beheizt wird und der Parameter τ [h] der Abkühlungsgeschwindigkeit.

Die genannten Werte sind zur Simulation in ein Eingabefeld einzutragen. Siehe hierzu Abb. 2.2. Nachdem Beginn und Ende der Nachtabsenkung eingegeben sind, wird die Dauer der Nachtabsenkung angezeigt. Sind alle weiteren Werte eingegeben, zeigen sich im Ergebnisfeld die errechneten Ergebnisse.

Jede Änderung eines Parameters im Eingabefeld führt dazu, dass alle davon betroffenen Ergebnisdaten einen neuen Wert annehmen. Denn im Kalkulationsprogramm sind alle mathematischen Formeln implementiert.

© Springer Fachmedien Wiesbaden 2015
D. Allmendinger, *Heizstrategie – Die Simulation von Heizungsanlagen*, essentials,
DOI 10.1007/978-3-658-11940-9_2

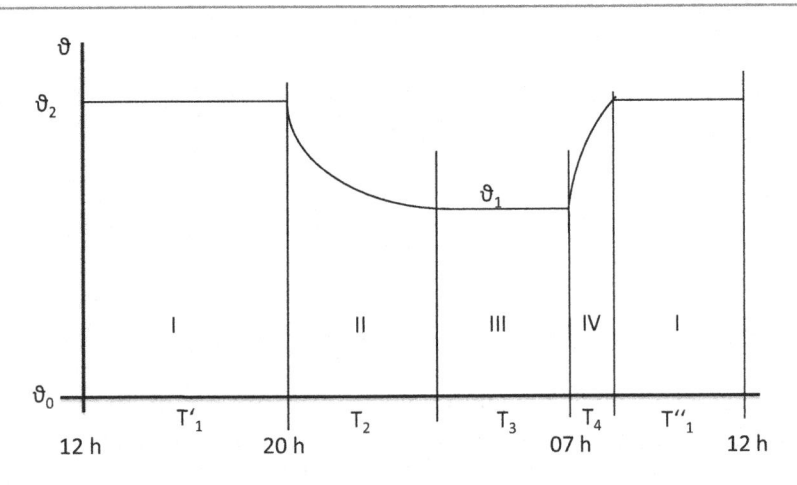

Abb. 2.1 Die 4 Phasen des Heizungsbetriebs

Die Eingabedaten			Ergebnisse aus Rechenmodell 2					
Beginn der Nachtabsenkung		22:00	ϑ_1'	°C	17,25	-	-	-
Ende der Nachtabsenkung		5:00	ϑ_{2max} °C		65,0	-	-	-
Zeitdauer der Nachtabsenkung (h)		07:00	T_1' (h)	10,00	10:00	Bereich I	$\varphi(T_1')$	75,0	kWh
Außentemperatur	ϑ_0 °C	-5,0	T_2 (h)	7,00	07:00	Bereich II		0,0	kWh
Abgesenkte Temperatur	ϑ_1 °C	10,0	-	-	-	-	-	-
Tagessolltemperatur	ϑ_2 °C	20,0	T_4 (h)	3,67	03:40	Bereich IV	Q(T_4)	49,6	kWh
Leistung Heizungsanlage	N_0 (kWh)	21,0				Bereich IV	$\varphi(T_4)$	27,5	kWh
Parameter	C (kWh/K)	18,0	T_1" (h)	3,33	03:19	Bereich I	$\varphi(T_1")$	25,0	kWh
Paramter	τ (h)	60,0	Su T_I	24,00	00:00	Su Wärmeenergie		177,1	kWh

Abb. 2.2 Beispiel für Eingaben zur Simulation

Es werden 2 Gruppen von Ergebnissen ausgewiesen:

1. die Längen der Zeitabschnitte I bis IV (T_1 bis T_4) und
2. die Wärmemengen, die in diesen Abschnitten aufgewendet werden.

Das wichtigste Ergebnis einer Simulation ist die Summe der Wärmeenergien, die in 24 Stunden anfallen.

Werden an einzelnen Wochentagen unterschiedliche Programme gefahren, so lässt sich jedes Tagesprogramm auf entsprechende Weise simulieren.

Der praxisorientierte Leser mag sich nun ab Kap. 11 weiter informieren.

Die Abkühlung eines Raumes

3

Die Innentemperatur eines Gebäudes (Raumes) fällt nach Abschalten der Heizung bis auf die Außentemperatur ab. Das ist ein Vorgang, der physikalisch beschreibbar ist.

Ansatz: Die Abkühlungsgeschwindigkeit ist proportional der augenblicklichen Temperaturdifferenz:

$$\frac{dT}{dt} = -K \times (T - T_0)$$

Es sind

- T die Innentemperatur [^{0}K] eines Raumes
- t die Zeit [h]
- T_0 die Außentemperatur (Konstante)
- T_2 die Innentemperatur zum Zeitpunkt t = 0
- K ist eine Konstante
- τ [h] ein Parameter, der das Absinken der Temperatur je Stunde bestimmt. Er kennzeichnet die Abkühlungsgeschwindigkeit des Raumes.

Die Lösung der Differenzialgleichung lautet:

$$T = (T_2 - T_0) \times e^{-t/\tau} + T_0$$

und mit $\vartheta = T - 273^0$

$$\vartheta = (\vartheta_2 - \vartheta_0) \times e^{-t/\tau} + \vartheta_0 \tag{3.1}$$

Im Folgenden wird mit dem Symbol T ein Zeitabschnitt [h] bezeichnet.

© Springer Fachmedien Wiesbaden 2015
D. Allmendinger, *Heizstrategie – Die Simulation von Heizungsanlagen*, essentials,
DOI 10.1007/978-3-658-11940-9_3

Daraus lässt sich ableiten:
Die Zeit, die bei der Abkühlung der Innentemperatur ϑ_2 auf eine tiefere Temperatur
ϑ_1 ($\vartheta_1 > \vartheta_0$) vergeht, ist:

$$T = \tau \times \ln \frac{(\vartheta_2 - \vartheta_0)}{(\vartheta_1 - \vartheta_0)} \qquad (3.2)$$

Die Abkühlungsgeschwindigkeit ist:

$$\frac{d\vartheta}{dt} = -\frac{1}{\tau} \times (\vartheta_2 - \vartheta_0) \times e^{-t/\tau}$$

Der Parameter τ ist bestimmend für die Geschwindigkeit des Temperaturabfalls.

Hier sei ein Vergleich von 2 Gebäuden angestellt: 1) mit $\tau = 50$ h und 2) mit
$\tau = 20$ h, bei einer Außentemperatur von $5\,°C$ und einer anfänglichen Innentemperatur von $22\,°C$. Ihr Temperaturverlauf lässt sich aus dem Diagramm in Abb. 3.1
erkennen.

Durch die Abkühlung des Raumes wird ein Wärmestrom $\frac{dQ}{dt}$ erzeugt.
Es gilt allgemein für einen stationären Zustand:

$Q = C \times \Delta\vartheta$ mit C = Wärmekapazität des Raumes [kWh/K]

Für den Wärmestrom gilt dann:

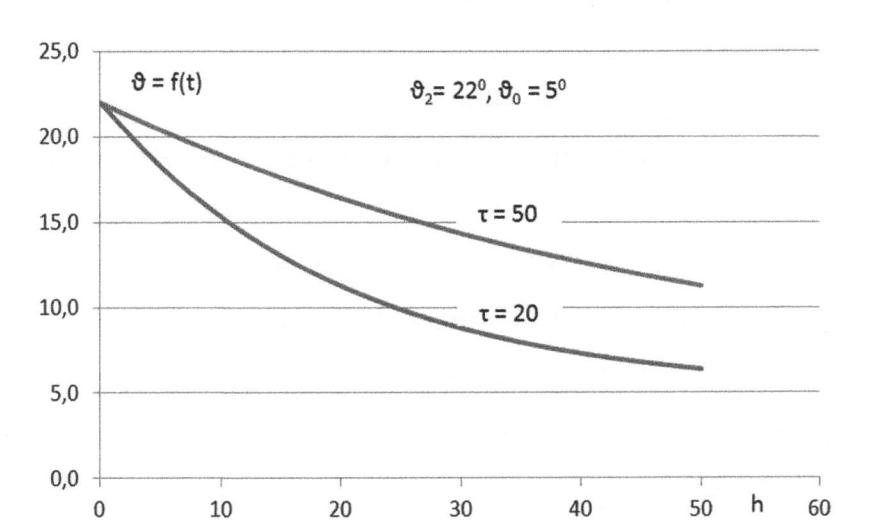

Abb. 3.1 Vergleich des Abkühlungsverlaufs bei $\tau = 20$ h und $\tau = 50$ h

$$\frac{dQ}{dt} = C \times \frac{d\vartheta}{dt} = -C \times \frac{1}{\tau} \times (\vartheta_2 - \vartheta_0) \times e^{-t/\tau} \tag{3.3}$$

Für die bei Abkühlung frei werdende Wärmemenge kann angesetzt werden:

$$Q = -C \times \frac{1}{\tau} \times (\vartheta_2 - \vartheta_0) \times \int_{t1}^{t2} e^{-t/\tau} dt$$

$$Q = -C \times (\vartheta_2 - \vartheta_0) \times [e^{-t1/\tau} - e^{-t2/\tau}]$$

Q ist der Energieinhalt des Raumes zwischen den Temperaturniveaus der Zeitpunkte t_1 und t_2.

Bei einer vollständigen Abkühlung von ϑ_2 auf ϑ_0, d. h. von $t_1 = 0$ bis $t_2 = \infty$, wird die im Raum enthaltende Wärmemenge

$$Q_0 = -C \times (\vartheta_2 - \vartheta_0)$$

frei.

Zusammenfassung

Die Abkühlung eines Raumes nach Abschaltung aller Heizquellen verläuft nach einem physikalischen Gesetz. Kennzeichnend dabei ist ein Parameter, den wir mit τ bezeichnen und der die Dimension [h] trägt. Dieses Gesetz erlaubt es, die Temperatur nach Ablauf einer Zeit T zu bestimmen.

Das Aufheizen eines Raumes

4

Es werden im Folgenden die Bezeichnungen verwendet:

ϑ Innentemperatur (Variable)
ϑ_0 Außentemperatur
ϑ_1 Abgesenkte Innentemperatur
ϑ_2 Innentemperatur (Konstante)
τ Parameter der Abkühlungsgeschwindigkeit
τ_h Parameter der Aufheizgeschwindigkeit
N_0 Leistung der Heizquelle (die Netto-Wärmeleistung der Heizungsanlage)
C   Wärmekapazität des Raumes

Geht man – wie wir es zunächst tun – davon aus, dass während des Aufheizens keine Abkühlung stattfindet (sehr schneller Aufheizvorgang oder sehr gut wärmeisolierter Raum), dann ist der Temperaturverlauf eine lineare Funktion der Zeit t.

Die Heizquelle erzeugt eine konstante Leistung N_0 und führt damit dem Raum die Wärmemenge Q(t) zu:

$$N_0 \times t = Q(t)$$

Die induzierte Wärmemenge ist, wenn der Raum zu Beginn die Temperatur ϑ_0 besitzt:

$$Q = C \times [\vartheta(t) - \vartheta_0]$$

Die Wärme wird durch die Heizquelle mit der Leistung N_0 erzeugt:

$$N_0 \times t = C \times [\vartheta(t) - \vartheta_0]$$

© Springer Fachmedien Wiesbaden 2015
D. Allmendinger, *Heizstrategie – Die Simulation von Heizungsanlagen,* essentials,
DOI 10.1007/978-3-658-11940-9_4

Daraus ergibt sich die gesuchte Funktion:

$$\vartheta(t) = \frac{N_0}{C} \times t + \vartheta_0$$

Der Temperaturverlauf ist eine lineare Funktion der Zeit. Er zeigt keine obere Begrenzung, wie er bei Heizungsanlagen zu beobachten ist. Wir müssen deshalb einen anderen Ansatz wählen, der entweder die Abkühlung berücksichtigt oder von einer gesteuerten Wärmezufuhr ausgeht.

Gehen wir zunächst den zweiten Weg, der gesteuerten Wärmezufuhr, und suchen dafür einen mathematischen Ansatz.

In der Praxis besteht der Aufheizvorgang aus einem Zusammenspiel von Heizquelle, Heizkörpern und den Temperaturreglern (z. B. Thermostatventile) der beheizten Räume.

Erreicht die Temperatur einen Wert nahe des Sollwerts (ϑ_2), dann verringert sich die Wärmeleistung der Heizkörper und die Temperaurregler drosseln zusätzlich die aufgenommene Wärmeleistung. Die Heizquelle verringert daraufhin die Wärmeerzeugung. Dies geschieht nicht gleichzeitig und im gleichen Maß in allen Räumen. Man kann versuchen, einen mittleren Temperaturverlauf durch eine e-Funktion nachzubilden, die zunächst linear ansteigt und dann sich einem konstanten Wert annähert.

$$\vartheta = (\vartheta_2 - \vartheta_0) \times (1 - e^{-t/\tau h}) + \vartheta_0$$

Aus der genannten Exponentialfunktion ergibt sich die Aufheizgeschwindigkeit:
Den Verlauf dieser Funktion zeigt die Abb. 4.1.

Der Parameter τ_h, der die Aufheizgeschwindigkeit bestimmt, enthält implizit die Leistung der Heizquelle und die Wärmekapazität des Baukörpers. Wir wollen diesen Ansatz jedoch nicht weiter verfolgen, da er eine wesentliche Komponente nicht enthält, den Wärmeverlust während des Aufheizens.

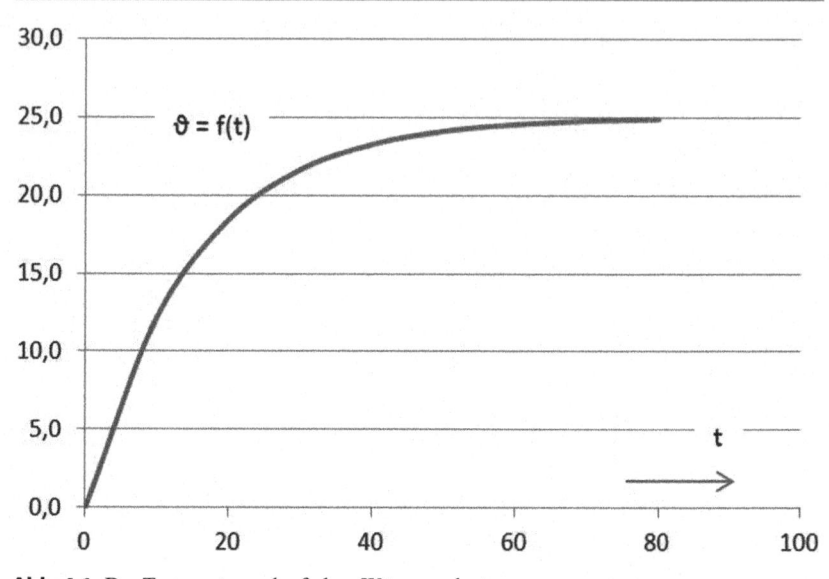

Abb. 4.1 Der Temperaturverlauf ohne Wärmeverlust

Zusammenfassung

Es wurde hier ein mathematischer Ansatz für den Aufheizvorgang gesucht. Dabei sollte gezeigt werden, wie der Übergang vom Aufheizen zum „Konstant-Temperatur-Heizen" in der Praxis stattfindet. Es sind Steuerungs- und Regelvorgänge, die diesen Übergang bestimmen. Da beim Beheizen mehrerer Räume individuelle Regelungen stattfinden, lässt sich für den Baukörper nur ein mittlerer Temperaturverlauf bestimmen.

Der gesuchte Ansatz muss jedoch auch die Wärmeverluste während des Aufheizens berücksichtigen, weshalb im folgenden Kapitel ein neuer Ansatz gesucht wird.

Das Aufheizen eines Raumes bei gleichzeitiger Abkühlung

5

Während des Aufheizvorganges findet im allgemeinen auch eine Abkühlung statt; diese wirkt proportional zur erreichten Temperaturdifferenz. Das soll im Folgenden berücksichtigt werden.

Wir gehen zunächst davon aus, dass die Heizungsanlage mit konstanter Leistung N_0 den Raum erwärmt, beginnend mit der Temperatur ϑ_0. Ziel ist, die Wärmeenergie und den Temperaturverlauf $\vartheta(t)$ zu bestimmen.

Betrachten wir Abb. 5.1: Der Wärmefluss Φ, der von der Heizquelle erzeugt wird, erwärmt den Raum. Dieser nimmt die Wärmeenergie Q(t) auf und entsprechend die Temperatur $\vartheta(t)$ an. Durch Abkühlung entsteht ein Wärmefluss $\varphi(t)$ aus dem Raum in die Umgebung, die sich im Temperaturniveau ϑ_0 befindet. Dabei wird der Parameter τ wirksam. Durch die Abkühlung wird die resultierende Wärmeenergie und die Temperatur im Raum beeinflusst.

Bei Abkühlung ohne Energiezufuhr von ϑ_2 auf ϑ_0 gilt nach (3.3)

$$\frac{dQ}{dt} = C \times \frac{d\vartheta}{dt} = -C \times \frac{1}{\tau} \times (\vartheta_2 - \vartheta_0) \times e^{-t/\tau}$$

Dabei ist die Ausgangsgröße $(\vartheta_2 - \vartheta_0)$ ein konstanter Wert.

Wird jedoch aus der Temperatur ϑ_2 eine Variable $\vartheta(t)$, dann beginnt in jedem Zustand $\vartheta(t)$ ein Abkühlungsabschnitt mit dem Wert des Zeitpunktes $t = 0$, damit $e^{-t/\tau} \to 1,0$.

Aus (3.3) wird dann

$$\frac{dQ}{dt} = -\frac{C}{\tau} \times [\vartheta(t) - \vartheta_0]$$

© Springer Fachmedien Wiesbaden 2015
D. Allmendinger, *Heizstrategie – Die Simulation von Heizungsanlagen*, essentials,
DOI 10.1007/978-3-658-11940-9_5

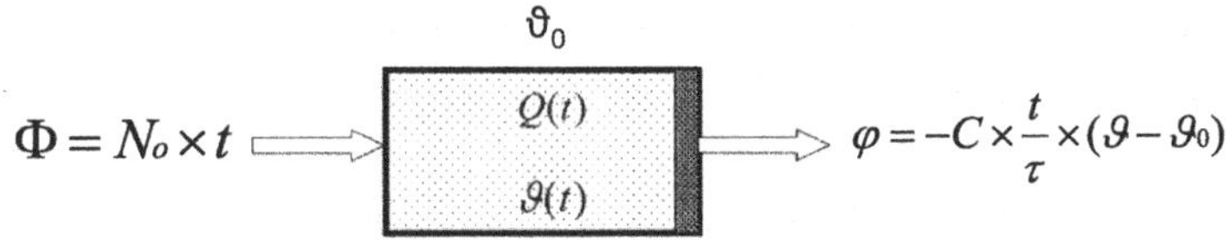

$$\vartheta_0$$

$$\Phi = N_o \times t \implies \boxed{\begin{array}{c} Q(t) \\ \vartheta(t) \end{array}} \implies \varphi = -C \times \frac{t}{\tau} \times (\vartheta - \vartheta_0)$$

Abb. 5.1 Die Wärmeströme im Raum

Dieser Wärmestrom ist konstant, wenn ϑ durch eine Wärmequelle konstant gehalten wird oder aber der Wärmestrom ändert sich mit $\vartheta = \vartheta(t)$.

Die Wärmemenge, die durch Abkühlung verloren geht, wächst proportional der Zeit und der Temperaturdifferenz:

$$\varphi(t) = -\frac{C}{\tau} \times t \times \left[\vartheta(t) - \vartheta_0 \right] \tag{5.1}$$

Es ist die Wärmemenge, die im Ablauf der Zeit t mit dem Temperaturniveau $\vartheta(t)$ entwichen ist.

Die Differenz zwischen Energiezufluss und Wärmeverlust ist die Raumwärme $Q(t)$; sie kann nun nach Abb. 5.1 beschrieben werden mit

$$Q(t) = N_0 \times t - \frac{C}{\tau} \times t \times \left[\vartheta(t) - \vartheta_0 \right]$$

Daneben gilt allgemein $Q = C \times \left(\vartheta - \vartheta_0 \right)$

Wir haben hier ein Modell angewandt, das folgendes beinhaltet: Die zugeführte Wärmeenergie wird einerseits als Raumenergie verlustfrei gespeichert. Den Wärmeverlust haben wir in der Größe $\varphi(t)$ quantifiziert und so berücksichtigt.

Damit wird

$$C \times \left[\vartheta(t) - \vartheta_0 \right] = N_0 \times t - C \times \frac{t}{\tau} \times \left[\vartheta(t) - \vartheta_0 \right]$$

Daraus entsteht der Temperaturverlauf beim Aufheizen ab ϑ_0

$$\left[\vartheta(t) - \vartheta_0 \right] = \frac{N_0}{C} \times \frac{t}{1 + t/\tau} \quad oder \quad \vartheta(t) = \frac{\tau}{\tau + t} \times \frac{N_o \times t}{C} + \vartheta_0 \tag{5.2}$$

Man kann daraus für eine vorgegebene Temperaturdifferenz $(\vartheta - \vartheta_0)$ die Zeit T des Aufheizvorganges bestimmen:

$$T = \frac{C \times \tau \left(\vartheta - \vartheta_0\right)}{N_0 \times \tau - C \times \left(\vartheta - \vartheta_0\right)}$$

unter der Bedingung, dass $N_0 \geq \dfrac{C}{\tau} \times \left(\vartheta - \vartheta_0\right)$, d. h. eine Minimalleistung gegeben ist.

Mit der Wärmemenge $Q = C \times \left[\vartheta(t) - \vartheta_0\right]$ und (5.2) erhalten wir

$$Q(t) = \frac{\tau}{\tau + t} \times N_0 \times t$$

Es ist die Wärmemenge, die in der Zeit t im Raum gespeichert wird und das Aufheizen von ϑ_0 bis ϑ bewirkt.

Der Wärmeverlust berechnet sich:

$$\varphi'(t) = -\frac{t}{\tau + t} \times N_0 \times t$$

Er muss kompensiert werden durch den Energieaufwand

$$\varphi(t) = \frac{t}{\tau + t} \times N_0 \times t$$

Das erste Diagramm in Abb. 5.2 zeigt die beiden Wärmeströme $Q(t)$ und $\varphi(t)$, das zweite den Verlauf der Temperatur beim Aufheizen eines Raumes ab $-5\,°C$. Den beiden Diagrammen liegen folgende Werte zugrunde: $N_0 = 40$ kW, $C = 10$ kWh/K, $\tau = 20\,h$, $\vartheta_0 = -5\,°C$.

Es ist ersichtlich, dass der Wärmestrom Q(t) bei t=0 zuerst stärker ansteigt als $\varphi(t)$, das zu Beginn schwächer einsetzt.

Die Erklärung: Eine Abkühlung kann erst erfolgen, nachdem eine Temperatur erreicht ist, die über der Ausgangstemperatur liegt. Danach folgt jedoch der Wärmestrom φ(t) der weiteren Temperaturerhöhung.

Es gilt stets: $Q(t) + \varphi(t) = \Phi(t) = N_0 \times t$

Q(t) und φ(t) sind Teilflüsse des Gesamtstroms, der durch das Produkt von N_o und t gegeben ist.

Es mag erstaunen, dass die Formeln für $Q(t)$ und $\varphi(t)$ den Parameter ϑ_0 nicht enthalten, d.h. $Q(t)$ und $\varphi(t)$ sind unabhängig von ϑ_0, nur $\vartheta(t)$ ist abhängig von ϑ_0.

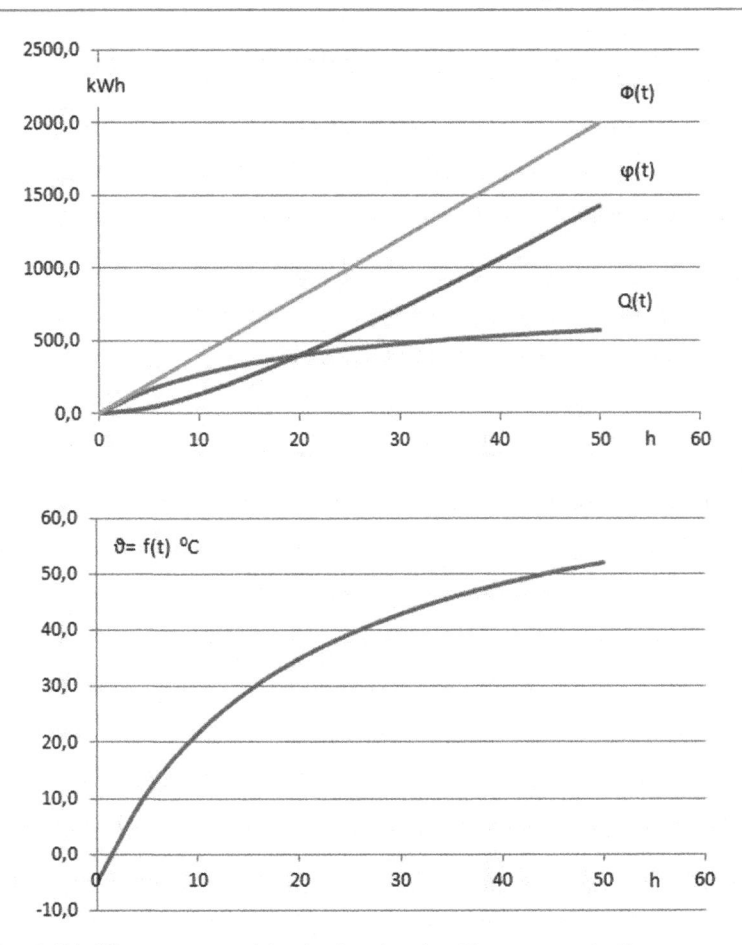

Abb. 5.2 Die Wärmeströme und der damit verbundene Temperaturverlauf

Die Erklärung: Die Leistung N_0 der Heizungsanlage ist eine konstante Größe. Sie erzeugt einmal die Speicherung von Wärmeenergie $Q(t)$ im Raum und zum anderen den Wärmestrom der Abkühlung. Diese Aufteilung von $\Phi = N_0 \times t$ in $Q(t)$ und $\varphi(t)$ ist offensichtlich unabhängig von der Außentemperatur ϑ_0. Das ist einleuchtend, wenn man daran denkt, dass eine Wärmeenergie $Q = C \times (\vartheta - \vartheta_0)$ nur von der Temperaturdifferenz, nicht aber vom absoluten Wert der Temperatur abhängig ist.

Wenn man sich aber die Frage stellt, welche Wärmeenergie in den Raum einströmt beim Aufheizen von $-5\,°C$ auf $+20\,°C$, dann lässt sich das am einfachsten über die Funktion $Q(\vartheta, \vartheta_0) = C \times (\vartheta - \vartheta_0)$ bestimmen.

Wir haben die Funktionen für Q, φ und ϑ zeitabhängig ermittelt. Wir werden diese Funktionen für die Simulation einsetzen.

Aus den gezeigten mathematischen Beziehungen lassen sich noch folgende Besonderheiten herleiten:

- Die Summe $Q(t) + \varphi(t)$ ergibt für alle t den Wert $N_0 \times t$.
- $\varphi(t)$ schneidet die Kurve $Q(t)$ im Punkt $t = \tau$. In diesem Punkt ist die Temperatur

$$\vartheta = 0{,}5 \times \frac{\tau}{C} \times N_0 + \vartheta_0$$

- Für $t = \infty$ strebt die Temperatur zum Grenzwert

$$\vartheta_{max} = \frac{\tau}{C} \times N_0 + \vartheta_0 \tag{5.3}$$

Durch die Heizleistung N_0 lässt sich die maximal erreichbare Temperatur beeinflussen.

- Die Leistungen der 3 Wärmeströme sind:

$$\frac{d\Phi}{dt} = N_0 \qquad \frac{dQ}{dt} = N_0 \times \frac{1}{(1 + t/\tau)^2} \qquad \frac{d\varphi}{dt} = -N_0 \times \frac{1 + 2 \times \tau/t}{(1 + \tau/t)^2}$$

Für $t = \infty$ sind

$$\frac{dQ}{dt} = 0 \text{ und } \frac{d\varphi}{dt} = -N_0.$$

Bei ϑ_{max} ist die Verlustleistung gleich der zugeführten Leistung N_0.

Es soll nochmals klar gestellt werden:

$Q(t)$ ist die Wärmeenergie, die in der Zeit 0 bis t in den Raum übertragen wurde und dort gespeichert ist. Für $t \gg \tau$ bleibt $Q(t)$ konstant, d. h. der Wärmestrom wird $\frac{dQ}{dt} = 0$.

Zur Deckung der Abkühlungsverluste ist jedoch weitere Energiezufuhr nötig:

$\frac{d\varphi}{dt} = N_0$; die gesamte Leistung der Heizungsanlage wird zur Verlustdeckung verwendet.

Dabei muss bedacht werden, dass, wenn mit konstanter Heizleistung N_0 weiter geheizt wird, die Raumtemperatur ϑ_2 sehr hoch werden kann. In der Praxis wird man N_0 so reduzieren, dass die Raumtemperatur auf einem Sollwert konstant bleibt: vgl. dazu Kap. 7.

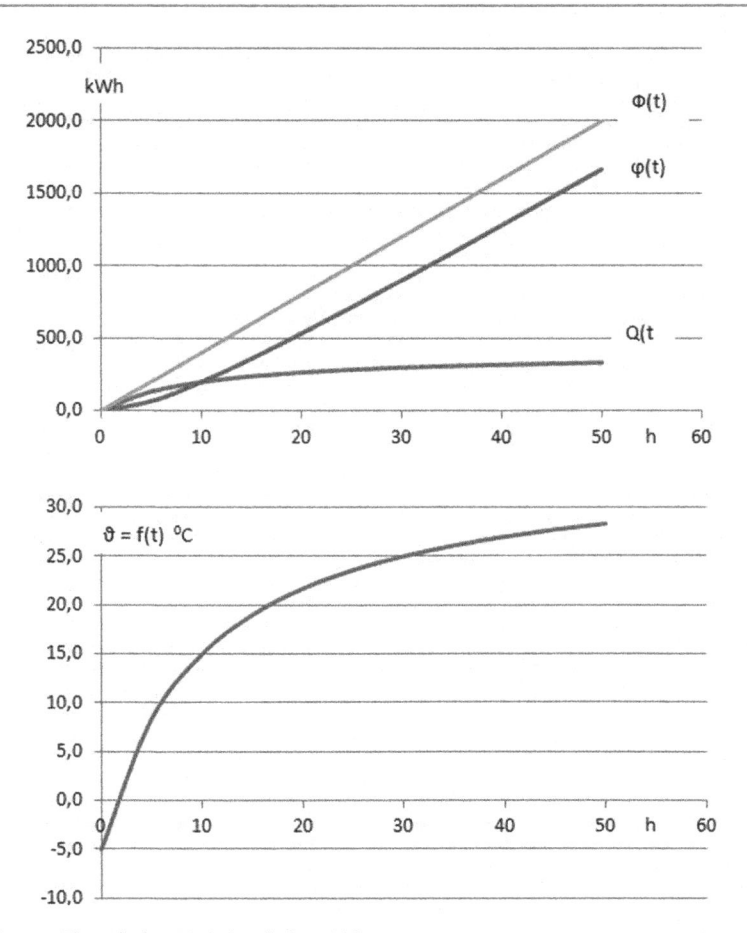

Abb. 5.3 Thermisches Verhalten bei $\tau = 10$ h

Vergleichen wir 2 Baukörper, deren Innentemperatur gleich der Außentemperatur von $\vartheta_0 = -5\,°C$ ist. Ihre Wärmekapazität sei $C = 10$ kWh/K und die Heizungsanlagen haben die Leistung von $N_0 = 40$ kW; sie unterscheiden sich jedoch im Wert τ. Beide werden ab $t = 0$ aufgeheizt; wir verfolgen die erzeugte Wärmekapazität und die Innentemperatur ϑ.

Siehe Abb. 5.3 und 5.4.

Was lässt sich aus den Diagrammen für $\tau = 10$ h und $\tau = 20$ h erkennen?

- Die Raumtemperatur von 20 °C wird erreicht
  - im ersten Fall ($\tau = 10$ h) nach ca. 17 h
  - im zweiten Fall nach ca. 9 h

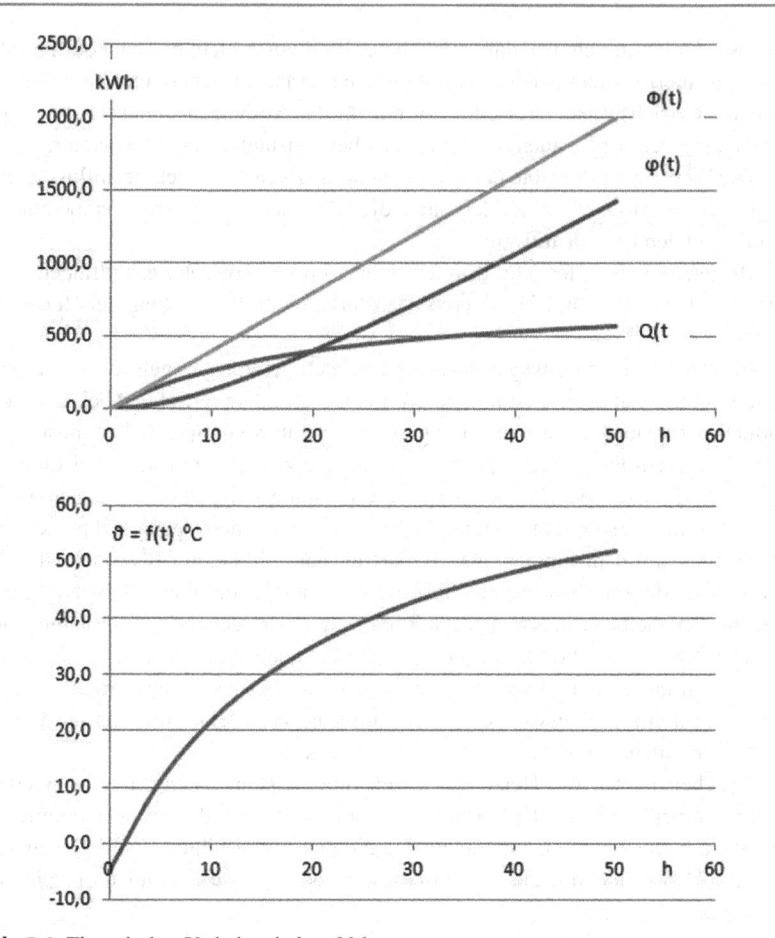

Abb. 5.4 Thermisches Verhalten bei $\tau = 20$ h

- Um 20 °C Raumwärme zu erzeugen, sind
  - im ersten Fall ca. 700 kWh Wärmeenergie erforderlich
  - im zweiten Fall ca. 360 kWh erforderlich.
- Die maximal erreichbare Innentemperatur liegt
  - im ersten Fall bei 35 °C
  - im zweiten Fall bei 75 °C
- In beiden Fällen werden in gleichen Zeiten gleiche Wärmemengen in den Baukörper transportiert. Dies ist bedingt durch die in beiden Fällen gleiche Leistung der Heizungsanlagen.

Es lässt daraus entnehmen, dass ein höherer Wert von τ nicht nur ein komfortableres Heizen ermöglicht sondern vor allem eine wirtschaftlichere und umweltschonendere Betriebsweise. Dies gilt nicht nur für das Aufheizen, sondern – wie noch gezeigt werden wird – auch für das Heizen bei konstanter Innentemperatur.

Der Wert τ, der die Güte der Wärmedämmung kennzeichnet, beeinflusst somit nicht nur die Aufheizzeit, sondern auch die Höhe der erreichbaren Temperatur im Raum und den Energieaufwand.

Bis jetzt wurde unterstellt, dass keinerlei Temperaturregelung stattfindet, d. h., die erreichte Temperatur im Inneren beeinflusst nicht die Leistung der Heizungsanlage.

In realen Heizungsanlagen wird die Innentemperatur geregelt, d. h., sie wird vom Benutzer auf einen bestimmten Wert eingestellt. Dies geschieht bei raumindividueller Regelung durch Einstellung der Temperaturregler (z. B. Thermostatventile). In diesem Fall arbeitet die Heizungsanlage zunächst mit ihrer Leistung N_0. Dadurch, dass von den Heizkörpern diese Leistung nur gedrosselt abgenommen wird, vermindert sich ihre Leistung indirekt. Modulierende Heizkessel passen ihre Wärmeleistung dem momentanen Bedarf an oder sie beginnen zu ‚takten'. Die Heizkörper decken dann nur noch die Wärmeenergie, die durch Abkühlung entweicht. Das heißt in unserem Modell, dass die Wärmeenergie des Raumes $Q(t)$ konstant bleibt. Nur die Wärmeenergie $\varphi(t)$ wird noch abgenommen.

Es liegt dann der Fall vor, dass der Raum auf konstanter Temperatur gehalten wird und dafür wollen wir den Energieaufwand ermitteln. Dies werden wir im Kap. 7 unternehmen und des Weiteren auch im Kap. 8.

Daneben passen die Heizungsanlagen ihre Leistung auch an sich ändernde Außentemperaturen an. Die Vorlauftemperatur wird anhand einer programmierten Kurve, der Heizkennlinie, verändert. Da die hier vorgestellten Simulationen sich nur auf 24 h-Perioden beziehen, wird diese Steuerung in die Simulation nicht einbezogen.

Zusammenfassung

Um einen mathematischen Ansatz zu finden, der den Aufheizvorgang bei gleichzeitigem Abkühlen beschreibt, haben wir ein Modell angewandt, das folgendes beinhaltet: Die zugeführte Wärmeenergie wird einerseits als Raumenergie verlustfrei gespeichert. Den Wärmeverlust haben wir in einer besonderen Größe quantifiziert und so berücksichtigt. Wir finden auf diese Art den zeitlichen Verlauf beim Aufheizen für die Größen Q, d.i. die Raumwärme, und φ, d.i. ist die Verlustwärme, die beide durch die von der Heizquelle zugeführte Wärmeenergie gedeckt werden. Erste Diagramme zeigen den Verlauf der Wärmeflüsse und der Temperatur. Dabei zeigt sich auch schon der hohe der Einfluss des Parameters τ auf die Energieeffizienz; er bewirkt die Aufteilung der beiden Wärmeflüsse.

Das Aufheizen bei abgesenkter Innentemperatur

6

Nach einer Temperaturabsenkung erfolgt das Wiederaufheizen ab einer Temperatur, die über der Außentemperatur liegt. Das Aufheizen geschieht hier ab ϑ_1; für die Abkühlung während des Aufheizens ist die Differenz $\vartheta(t) - \vartheta_0$ maßgebend.

Es wird unterstellt, dass die Temperatur ϑ_1 über der Außentemperatur ϑ_0 liegt. Es gilt auch stets: $\vartheta(t) \geq \vartheta_1$.

Nach dem Start des Heizvorganges in t = 0 entsteht im Raum bis zum Zeitpunkt t die Temperatur $\vartheta(t)$ und die Wärmemenge

$$C \times [\vartheta(t) - \vartheta_1]$$

Die Verlustwärme ist bezogen auf ϑ_0:

$$-C \times \frac{t}{\tau} \times [\vartheta(t) - \vartheta_0)]$$

Nach Abb. 5.1 lassen sich die Wärmeflüsse verknüpfen:

$$C \times [\vartheta(t) - \vartheta_1] = N_0 \times t - C \times \frac{t}{\tau} \times [\vartheta(t) - \vartheta_0]$$

Aus dieser Bestimmungsgleichung ergibt sich der zeitliche Verlauf der Temperatur:

$$\vartheta(t) = \frac{\tau}{\tau + t} \times \frac{N_0 \times t}{C} + \frac{\vartheta_1 \times \tau + \vartheta_0 \times t}{\tau + t} \qquad (6.1)$$

Vgl. dazu (5.2)

© Springer Fachmedien Wiesbaden 2015
D. Allmendinger, *Heizstrategie – Die Simulation von Heizungsanlagen*, essentials,
DOI 10.1007/978-3-658-11940-9_6

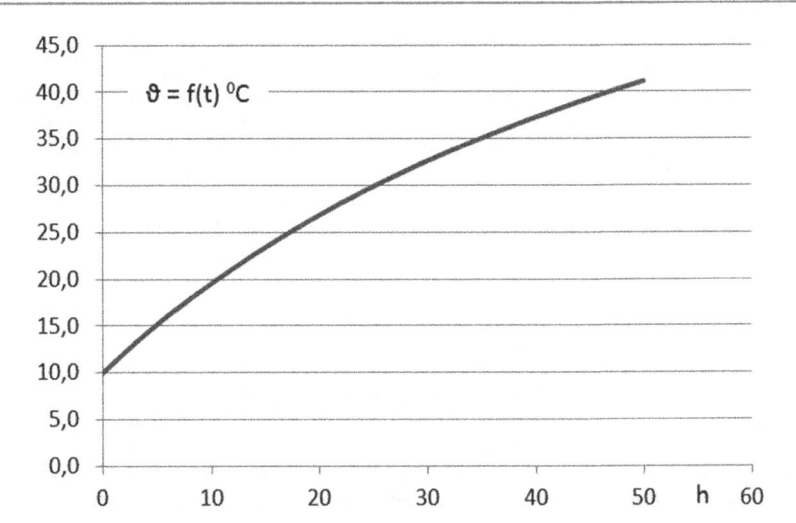

Abb. 6.1 Der Temperaturverlauf beim Aufheizen ab 10 °C

Diese Funktion hat folgende Grenzwerte:

für $t = 0$ $\vartheta = \vartheta_1$

für $t \to \infty$ $\vartheta_{max} = \dfrac{\tau}{C} \times N_0 + \vartheta_0$

Vgl. dazu (5.3). Die Leistung N_0 bestimmt die erreichbare Temperatur.

Das Diagramm in Abb. 6.1 zeigt den Temperaturverlauf $\vartheta(t)$.

Es beruht auf den Werten: $N_0 = 20$ kW, $C = 15$ kWh/K, $\tau = 65$ h, $\vartheta_1 = 10$ °C und $\vartheta_0 = -5$ °C

Der Zeitbedarf T für das Aufheizen von ϑ_1 auf ϑ_2 ergibt sich aus (6.1), wenn für $\vartheta(t) = \vartheta_2$ gesetzt wird

$$T = \frac{(\vartheta - \vartheta_1)}{\dfrac{N_0}{C} - \dfrac{(\vartheta_2 - \vartheta_0)}{\tau}} \quad oder \quad T = \frac{C \times (\vartheta_2 - \vartheta_1)}{No - \dfrac{C}{\tau} \times (\vartheta_2 - \vartheta_0)} \tag{6.2}$$

Wie verlaufen hierzu die Wärmeströme?

Die Wärmemenge für das Aufheizen von ϑ_1 auf die Temperatur $\vartheta(t)$ in der Zeit t lässt sich bestimmen aus $Q(t) = C \times [\vartheta(t) - \vartheta_1]$, wobei stets $\vartheta(t) \geq \vartheta_1$.

Es lassen sich daraus mit (6.1) entwickeln:

$$Q(t) = \frac{\tau}{t + \tau} \times [N_0 \times t - C \times \frac{t}{\tau} \times (\vartheta_1 - \vartheta_0)] \tag{6.3}$$

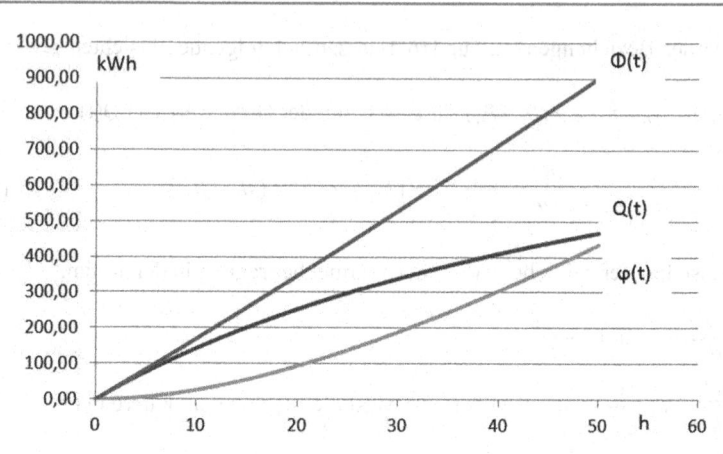

Abb. 6.2 Die Wärmemengen beim Aufheizen ab $10\,°C$

Diese Funktion beschreibt zeitabhängig den Verlauf der aufgenommenen Wärme-menge. Die Wärmemenge Q lässt sich leichter beschreiben, wenn der Endwert ϑ_2 vorgegeben ist $Q = C \times (\vartheta_2 - \vartheta_1)$.

Aus (5.1) mit (6.1) berechnet sich der Energieaufwand zur Deckung der Ver-lustwärme:

$$\varphi(t) = \frac{t}{t + \tau} \times [N_0 \times t + C \times (\vartheta_1 - \vartheta_0)] \tag{6.4}$$

Das Diagramm in Abb. 6.2 zeigt den Verlauf von Q(t) und φ(t) für dieselben Para-meter wie oben.

Die Summe beider Energieflüsse ist hier:

$$\Phi(t) = Q(t) + \varphi(t) = N_0 \times t$$

Wärme kann in den Raum nur übertragen werden, wenn die Leistung der Heizquel-le einen bestimmten Betrag nicht unterschreitet. Es gilt hierfür aus (6.3):

$$N_0 \geq \frac{C}{\tau} \times (\vartheta_1 - \vartheta_0).$$

Wenn die Heizleistung N_0 gleich der rechten Seite der Gleichung ist, dann bleibt die Temperatur ϑ_1 konstant. Vergleiche hierzu (7.1).

Aus den Beziehungen (6.3) und (6.4) lassen sich folgende Einsichten gewinnen:

- $Q(t) = N_0 \times \tau - C \times (\vartheta_1 - \vartheta_0)$ für t → ∞, d.i. der Grenzwert von Q(t).

$$\frac{dQ}{dt} = \frac{\tau}{(t+\tau)^2} \times [N_0 \times \tau - C \times (\vartheta_1 - \vartheta_0)] \qquad (6.5)$$

Es ist dies der zeitliche Verlauf der Wärmeübertragung in den Raum.

- $\dfrac{dQ}{dt} = 0$ für t → ∞

- $\dfrac{dQ}{dt} = N_0 - \dfrac{C}{\tau} \times (\vartheta_1 - \vartheta_0)$ für t = 0; es ist die Steigung der Kurve in t = 0

- $\dfrac{d\varphi}{dt} = N_0 \times t \times \dfrac{t + 2 \times \tau}{(t+\tau)^2} + C \times (\vartheta_1 - \vartheta_0) \times \dfrac{\tau}{(t+\tau)^2}$

Dies beschreibt den zeitlichen Verlauf der Verlustleistung des Raumes

- $\dfrac{d\varphi}{dt} = \dfrac{C}{\tau} \times (\vartheta_1 - \vartheta_0)$ für t = 0; es ist die Steigung der Kurve in t = 0

- $\dfrac{d\varphi}{dt} = N_0$ für t → ∞

Im folgenden Kapitel werden wir die sich an das Aufheizen anschließende Phase, das Konstant-Temperatur-Heizen, beschreiben.

Zusammenfassung

Der in Kap. 6 beschriebene Aufheizvorgang wird nochmals aufgegriffen und hier auf den Fall bezogen, dass sich der Baukörper beim Start des Aufheizvorganges auf einer Temperatur $\vartheta_1 > \vartheta_0$ befindet. Der Verlauf der Wärmeflüsse und der Temperatur lassen sich mathematisch nachbilden; die Formeln dienen als Basis für die Simulation.

Soll eine Raumtemperatur, zum Beispiel eine abgesenkte Temperatur ϑ_1 oder die Soll-Temperatur ϑ_2, konstant gehalten werden, dann muss dazu die Leistung der Heizquelle reduziert werden. Um diesen Wert zu finden, setzen wir in der Bestimmungsgleichung (6.5) die linke Seite $= 0$, das heißt: der Wärmefluss soll sich nicht ändern.

Wir geben also vor:

$$\frac{dQ}{dt} = 0$$

und aus (6.5) wird

$$\frac{\tau}{(t+\tau)^2} \times N_0 \times \tau = \frac{\tau}{(t+\tau)^2} \times C \times (\vartheta_1 - \vartheta_0)$$

Damit ergibt sich die reduzierte Leistung der Heizquelle:

$$N_R = \frac{C}{\tau} \times (\vartheta_1 - \vartheta_0) \quad \text{bzw.} \quad N_R = \frac{C}{\tau} \times (\vartheta_2 - \vartheta_0) \tag{7.1}$$

Aus den Werten $N_0 = 20$ kW, $\vartheta_1 = 10$ °C, $\vartheta_0 = -5$ °C, $C = 15$ kWh/K, $\tau = 65$ Std resultiert eine reduzierte Leistung von $N_R = 3,5$ kW. Die Heizleistung muss von 20 kW auf 3,5 kW heruntergeregelt werden.

Für eine konstante Temperatur von $\vartheta_2 = 22$ C ergibt sich entsprechend $N_R = 6,2$ kW.

Setzt man (7.1) in (6.3) bzw. (6.4) ein, so erhält man die Wärmemengen, die im Raum gespeichert sind bzw. die durch Abkühlung aus dem Raum treten:

$$Q(t) = C \times (\vartheta_1 - \vartheta_0) \quad \text{bzw.} \quad Q(t) = C \times (\vartheta_2 - \vartheta_0)$$

© Springer Fachmedien Wiesbaden 2015

D. Allmendinger, *Heizstrategie – Die Simulation von Heizungsanlagen*, essentials,
DOI 10.1007/978-3-658-11940-9_7

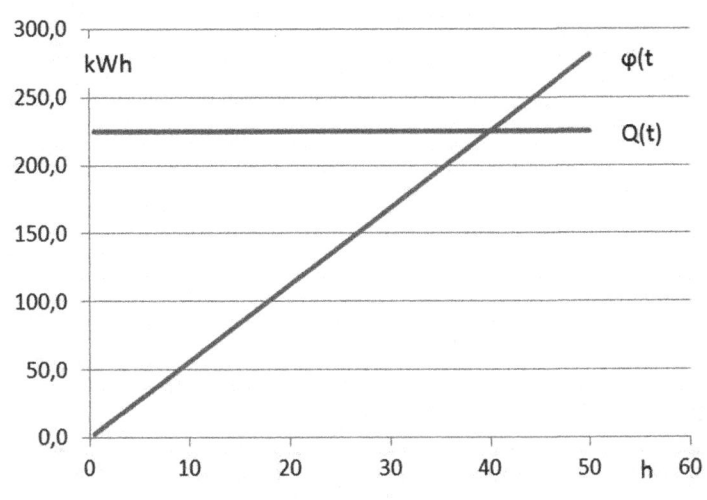

Abb. 7.1 Die Raumwärme und die Verlustwärme beim Heizen mit konstanter Temperatur ϑ_1

Diese Werte sind je konstant, d. h. zeitunabhängig. Darin kommt die konstant ge-
haltene Temperatur ϑ_1 bzw. ϑ_2 zum Ausdruck.
Die Verlustwärme in der Zeit t beträgt:

$$\varphi(t) = C \times \frac{t}{\tau} \times (\vartheta_1 - \vartheta_0) \text{ bzw. } \varphi(t) = C \times \frac{t}{\tau} \times (\vartheta_2 - \vartheta_0) \tag{7.2}$$

$\varphi(t)$ ist eine lineare Funktion der Zeit, wie das auch Abb. 7.1 zeigt.
Auch hier liegt der Schnittpunkt der beiden Kurven bei $t = \tau$.
Dem Diagramm in Abb. 7.1 liegen folgende Werte zugrunde: $\vartheta_0 = -5$ °C,
$\vartheta_1 = 10$ °C $=$ const., $N_0 = 20$ kW, $C = 15$ kWh/K, $\tau = 40$ h

---

Zusammenfassung

Das Heizen bei konstanter Temperatur erfordert von der Heizquelle nur die
Wärmeenergie, die die Verlustwärme deckt. Deshalb muss die Heizquelle beim
Übergang vom Aufheizen zum Konstant-Temperatur-Heizen ihre Leistung
herabsetzen. Diese reduzierte Leistung wurde ermittelt. Die Wärmemenge im
Raum bleibt konstant, während die Verlustwärme linear zur Zeit t anwächst.

Die gleitende Leistungsanpassung beim Aufheizen

8

Aus den Diagrammen der Abb. 5.2 und 6.1 lässt sich erkennen, dass bei Heizungsanlagen ohne Temperaturregelung die Temperatur ansteigt bis zu einem Grenzwert, der u. a. von N_0 bestimmt wird. Vgl. (5.3).

Eine Regelung der Raumtemperatur führt dazu, dass beim Aufheizen die Temperatur bis zu dem vorgegebenen Sollwert ansteigt und dann die Wärmeabgabe im Raum so gedrosselt wird, dass die Solltemperatur erhalten bleibt.

Der Übergang von der Phase Aufheizen zur Phase Konstant-Temperatur-Heizen erfolgt nach dieser Beschreibung abrupt. Dies entspricht nicht dem wirklichen Verhalten der Temperaturregler. Da wir hier nicht nur Einzelräume, sondern Baukörper mit mehreren Räumen betrachten, deren Regler auf unterschiedliche Sollwerte eingestellt sein können, müssen wir von einem ‚weichen' Übergang der mittleren Temperatur auf den Sollwert ϑ_2 ausgehen.

In Kap. 5 haben wir geschrieben:

> In der Praxis besteht der Aufheizvorgang aus einem Zusammenspiel von Heizquelle, Heizkörpern und den Temperaturreglern der beheizten Räume. Erreicht die Temperatur einen Wert nahe des Sollwerts (ϑ_2), dann verringert sich die Wärmeleistung der Heizkörper und die Temperaturregler drosseln zusätzlich die aufgenommene Wärmeleistung. Die Heizquelle verringert daraufhin die Wärmeerzeugung. Dies geschieht nicht gleichzeitig und im gleichen Maß in allen Räumen.

Wir versuchen deshalb, einen Übergang zwischen den beiden Phasen zu finden, der dem tatsächlichen Verlauf nahekommt.

Die Regelungsmechanismen sollen durch folgendes Modell berücksichtigt werden:

Das Aufheizen ab der Temperatur ϑ_1 soll zunächst mit der vollen Leistung N_0 beginnen und nahe dem Erreichen der Solltemperatur ϑ_2 gedrosselt werden auf den reduzierten Leistungswert, den wir mit (7.1) beschrieben haben. Es handelt sich

© Springer Fachmedien Wiesbaden 2015
D. Allmendinger, *Heizstrategie – Die Simulation von Heizungsanlagen*, essentials,
DOI 10.1007/978-3-658-11940-9_8

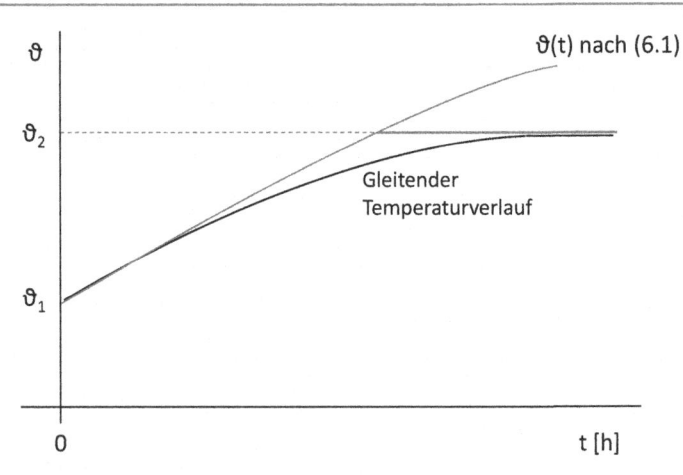

Abb. 8.1 Der gleitende Übergang der Temperatur von der Phase „Aufheizen" in die Phase „Konstant-Temperatur-Heizen"

somit um eine „gleitende" Leistungsanpassung. Diese bewirkt allerdings, dass der Aufheizvorgang mehr Zeit in Anspruch nimmt. Moderne Heizungsanlagen berücksichtigen die zunehmende Raumtemperatur durch die Auswertung der Rücklauftemperatur und vermindern entsprechend ihre Leistung; sie verhalten sich damit entsprechend unserem vorgeschlagenen Modell.

Sie stellen darüber hinaus dem Benutzer den Parameter ‚Aufheizgeschwindigkeit' zur Wahl: Schnell, Normal, Sparen. (Ob eine Reduzierung der Leistung nahe dem Übergangspunkt zur Konstant-Temperatur-Regelung eine Ersparnis an Heizenergie bewirkt, wird die Simulation zeigen).

Dieser gleitende Temperaturverlauf wird in unserem Modell dadurch erreicht, dass die Leistung N_0 von ϑ_1 bis ϑ_2 linear abfällt bis zum Wert N_R nach (6.1). Siehe hierzu Abb. 8.1.

Die lineare Gleichung hat folgende Ausgangsform:

$$(N - N_0) \times (\vartheta_2 - \vartheta_1) = (N_R - N_0) \times (\vartheta - \vartheta_1)$$

und daraus

$$N(\vartheta) = -\frac{N_0 - N_R}{\vartheta_2 - \vartheta_1} \times \vartheta + \frac{\vartheta_2 \times N_0 - \vartheta_1 \times N_R}{\vartheta_2 - \vartheta_1}$$

Setzt man dies in (6.1) ein, so erhält man für den Temperaturverlauf:

$$\vartheta(t) \;=\; \dfrac{\dfrac{\tau}{C} \times \dfrac{(\vartheta_2 \times N_0 - \vartheta_1 \times N_R)}{(\vartheta_2 - \vartheta_1)} \times t + \tau \times \vartheta_1 + t \times \vartheta_0}{\dfrac{\tau}{C} \times \dfrac{(N_0 - N_R)}{(\vartheta_2 - \vartheta_1)} \times t + \tau + t} \tag{8.1}$$

- Für $N_R = N_0$ geht diese Funktion in (6.1) über.
- Für $t = 0$ wird $\vartheta(t) = \vartheta_1$
- Für $t \to \infty$ wird $\vartheta(t) = \vartheta_{max} = \dfrac{\dfrac{\tau}{C} \times (\vartheta_2 \times N_0 - \vartheta_1 \times N_R) + \vartheta_0 \times (\vartheta_2 - \vartheta_1)}{\dfrac{\tau}{C} \times (N_0 - N_R) + (\vartheta_2 - \vartheta_1)}$
- Für N_R gilt:

$$N_R \leq N_0 \quad \text{und}$$

$$N_R \geq \dfrac{C}{\tau} \times (\vartheta_2 - \vartheta_0)$$

Durch Wahl von N_R kann der gleitende Übergang in der Excel-Simulation an eine Heizungsanlage angepasst werden.

Die Zeit für das Aufheizen von ϑ_1 bis zur Temperatur ϑ_2 lässt sich ermitteln aus:

$$T = \dfrac{(\vartheta_2 - \vartheta_1)}{\dfrac{N_R}{C} - \dfrac{(\vartheta_2 - \vartheta_0)}{\tau}} \tag{8.2}$$

Vgl. auch (6.2). In (8.2) ist N_0 ersetzt durch N_R. Damit ist stets $T(8.2) \geq T(6.2)$

Ermittlung von Q(t):
   Aus $Q(t) = C \times [\vartheta(t) - \vartheta_1]$ und mit (8.1) wird

$$Q(t) = C \times \left[\dfrac{\dfrac{\tau}{C} \times \dfrac{(\vartheta_2 \times N_0 - \vartheta_1 \times N_R)}{(\vartheta_2 - \vartheta_1)} \times t + \tau \times \vartheta_1 + t \times \vartheta_0}{\dfrac{\tau}{C} \times \dfrac{(N_0 - N_R)}{(\vartheta_2 - \vartheta_1)} \times t + \tau + t} - \vartheta_1 \right]$$

Ermittlung von φ(t):
   Mit $\varphi(t) = C \times \dfrac{t}{\tau} \times [\vartheta(t) - \vartheta_0]$ und (8.1) wird

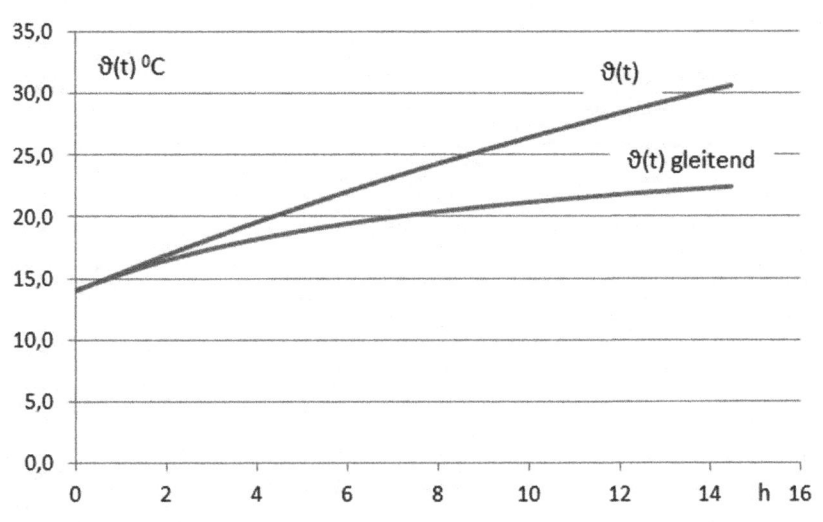

Abb. 8.2 Der Temperaturverlauf im Vergleich „gleitend" zu (6.1)

$$\varphi(t) = \frac{C}{\tau} \times t \times \left[\frac{\left[\frac{\tau}{C} \times \frac{(\vartheta_2 \times N_0 - \vartheta_1 \times N_R)}{(\vartheta_2 - \vartheta_1)} + \vartheta_0 \right] \times t + \tau \times \vartheta_1}{\left[\frac{\tau}{C} \times \frac{(N_0 - N_R)}{(\vartheta_2 - \vartheta_1)} + 1 \right] \times t + \tau} - \vartheta_0 \right] \qquad (8.3)$$

Wenn $\vartheta_1 = \vartheta_2$ gesetzt wird, entsteht intern in (8.3) eine Division durch 0; dies wird von Excel als Fehler gewertet. Deshalb wird hier eine Umformung vorgestellt:

$$\varphi(t) = \frac{C}{\tau} \times t \times \left[\frac{\left[\frac{\tau}{C} \times (\vartheta_2 \times N_0 - \vartheta_1 \times N_R) + \vartheta_0 \times (\vartheta_2 - \vartheta_1) \right] \times t + \tau \times \vartheta_1 \times (\vartheta_2 - \vartheta_2)}{\left[\frac{\tau}{C} \times (N_0 - N_R) + (\vartheta_2 - \vartheta_1) \right] \times t + \tau \times (\vartheta_2 - \vartheta_1)} - \vartheta_0 \right]$$

$$(8.3)$$

- Für $N_R = N_0$ geht $\varphi(t)$ in (6.4) über.
- Für $\vartheta_1 = \vartheta_2$ geht $\varphi(t)$ über in:

$$\varphi(t) = C \times \frac{t}{\tau} \times (\vartheta_2 - \vartheta_0)$$

d. i. Heizung bei konstanter Temperatur; vgl. (7.2)

Es lassen sich daraus die Diagramme in den Abb. 8.2 und 8.3 gewinnen.

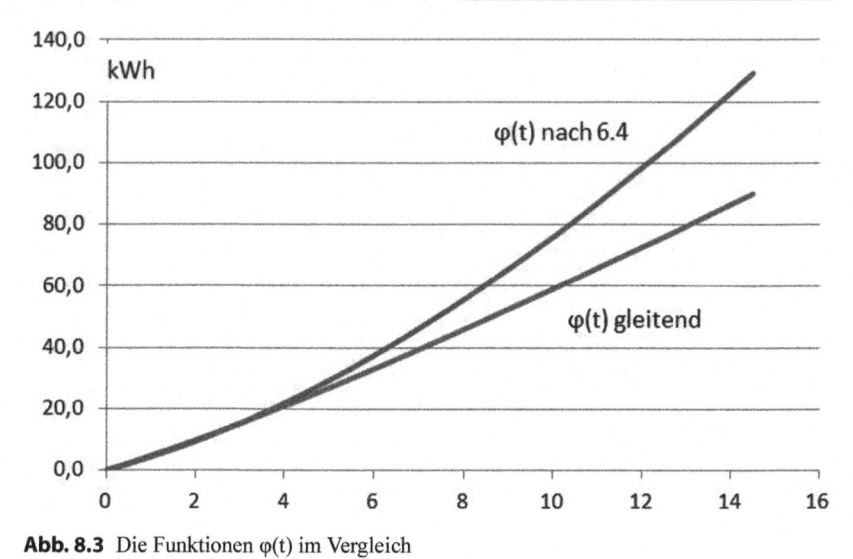

Abb. 8.3 Die Funktionen φ(t) im Vergleich

Beim Vergleich Schnelles Aufheizen und Langsames Aufheizen zeigt sich bei der Simulation ein unerwartetes Phänomen. Im Vorgriff auf die Simulation werden wir im folgenden Kapitel dieses Phänomen beschreiben.

Zusammenfassung

Der Übergang der Phase ‚Aufheizen' in die Phase ‚Konstant-Temperatur-Heizen' erfolgt – bezogen auf die Heizquelle – nicht abrupt sondern zeitlich gestreckt. Dieses Verhalten kann in der Simulation nachgebildet werden, indem ein zusätzlicher Parameter N_R eingeführt wird, der in seiner Größe den örtlichen Verhältnissen angepasst werden kann. Wird dieser Parameter kleiner als N_0 gewählt, so erhöht sich in der Simulation die Aufheizdauer.

Ist der Energieverbrauch abhängig von der Aufheizgeschwindigkeit?

9

Manche Heizungsanlagen weisen den Parameter „Aufheizgeschwindigkeit" auf, d. h., der Benutzer kann wählen zwischen schnellem, normalem und ‚sparsamem' Aufheizen. Wir haben eine Funktion vorgestellt, die einen gleitenden Übergang vom Aufheizen auf Konstant-Temperaturheizen nachbildet. Damit lässt sich ein schnelles oder langsameres Aufheizen simulieren.

Es zeigt sich dabei ein unerwartetes Phänomen: In beiden Fällen ist die Verlustwärme genau dieselbe. Dies ist deshalb unerwartet, weil das Temperaturniveau bei langsamem Aufheizen unter dem des schnellen Aufheizens liegt und damit die Verlustwärme geringer sein müsste.

Das Temperatur-Diagramm zeigt bei schnellem Aufheizen (1) ein durchweg höheres Temperaturniveau als im Falle (2). Siehe Abb. 9.1

Für den Wärmestrom gilt:

$$\Phi(t) = Q(t) + \varphi(t)$$

Beim Aufheizen wird in beiden Fällen die gleiche Wärmemenge Q zugeführt, da die Temperaturdifferenzen im Anfangs- und Endzustand je gleich sind.

Bei konstant gehaltener Temperatur ϑ_2 ist $dQ/dt = 0$, d. h. die Raumwärme nimmt nicht mehr zu.

Es verbleibt somit der Vergleich der Verlustwärmen $\varphi(t)$ im Zeitraum $T_0 = T_1 + T_2$ beim Aufheizen von ϑ_1 auf ϑ_2.

Ein *schnelles Aufheizen* nach [1] bedeutet, es sind im Zeitraum T_0 2 Verlustwärmen zu addieren:

$$\varphi(T_1) \text{ nach (6.4) und}$$

$$\varphi(T_2) \text{ nach (7.2)}$$

© Springer Fachmedien Wiesbaden 2015
D. Allmendinger, *Heizstrategie – Die Simulation von Heizungsanlagen*, essentials,
DOI 10.1007/978-3-658-11940-9_9

Abb. 9.1 Schnelles und langsames Aufheizen: $\vartheta(t)$ und $\varphi(t)$ im Vergleich

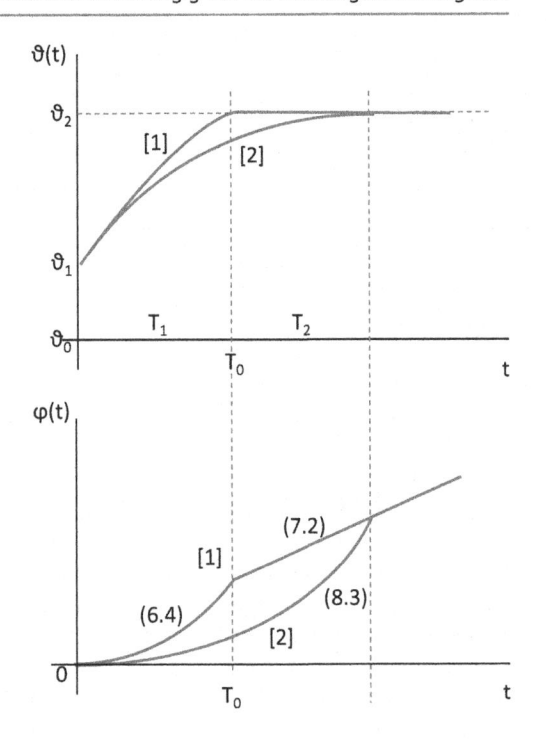

Ein *langsames Aufheizen* nach [2] hat nur einen Vorgang:

$$\varphi(T_0) \text{ nach } (8.3)$$

Die Abschnitte T_1, T_2 und T_0 lassen sich bestimmen:

$$T_1 \text{ aus } (6.2) \quad T_0 \text{ aus } (8.2) \quad T_2 = T_0 - T_1$$

Mit den in Tab. 9.1 aufgeführten Werten wurde ein erster Vergleich angestellt.

Tab. 9.1 Die Ausgangswerte für den Vergleich Schnelles/Langsames Aufheizen

N_0	kWh	25
N_R	kWh	15
ϑ_2	°C	22
ϑ_1	°C	16
ϑ_0	°C	2
τ	h	65
C	kWh/K	20

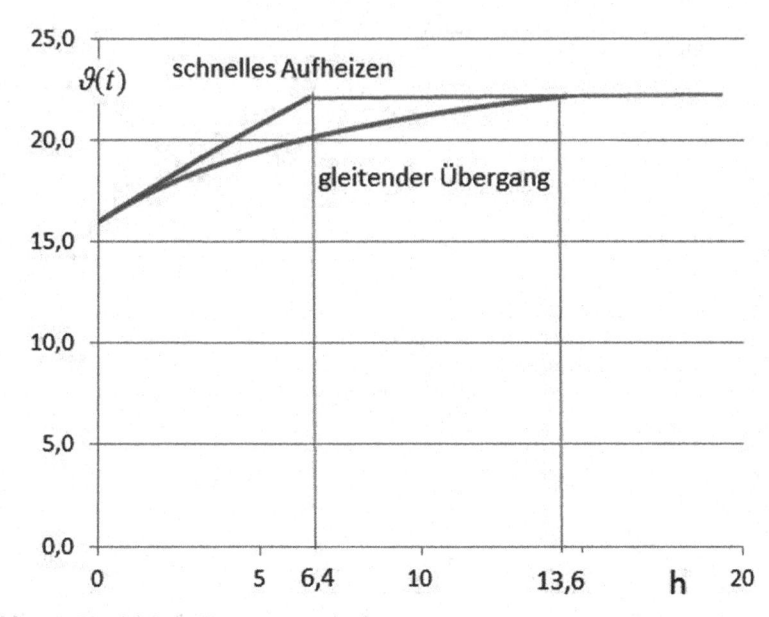

Abb. 9.2 Vergleich der Temperaturverläufe

Das schnelle Aufheizen erfolgt so lange, bis die Temperatur das vorgegeben Niveau ϑ_2 erreicht; dann geht die Heizung in den Zustand ‚Konstant-Temperaturheizen' über.
Demgegenüber erreicht das langsame Aufheizen erst viel später den Wert von ϑ_2.

Es wurden ermittelt: $T_1 = 6{,}37$ h, $T_0 = 13{,}57$ h,
$\varphi(T_1)$ nach (6.4): 39,2 kWh
$\varphi(T_2)$ nach (7.2): 44,3 kWh
Summe *83,5* kWh
Ein langsames Aufheizen in der Zeitspanne T_0 ergibt
$\varphi(T_0)$ nach (8.3) *83,5* kWh

Beide Verfahren zeigen dasselbe Ergebnis: Die Verlustwärmen sind beim normalen und beim langsamen Aufheizen jeweils gleich.
    Ein langsames Aufheizen erfordert offensichtlich nur dann weniger Energie, wenn der Heizvorgang abgebrochen wird, bevor die Solltemperatur ϑ_2 erreicht ist.
    Zwei Diagramme aus einer Simulation mit den Werten $N_0 = 25$ kW, $N_R = 15$ kW, $\vartheta_2 = 22\,°C$, $\vartheta_1 = 16\,°C$, $\vartheta_0 = 2\,°C$ zeigen

- die Temperaturverläufe: siehe Abb. 9.2,
- die Verlustwärmen: siehe Abb. 9.3.

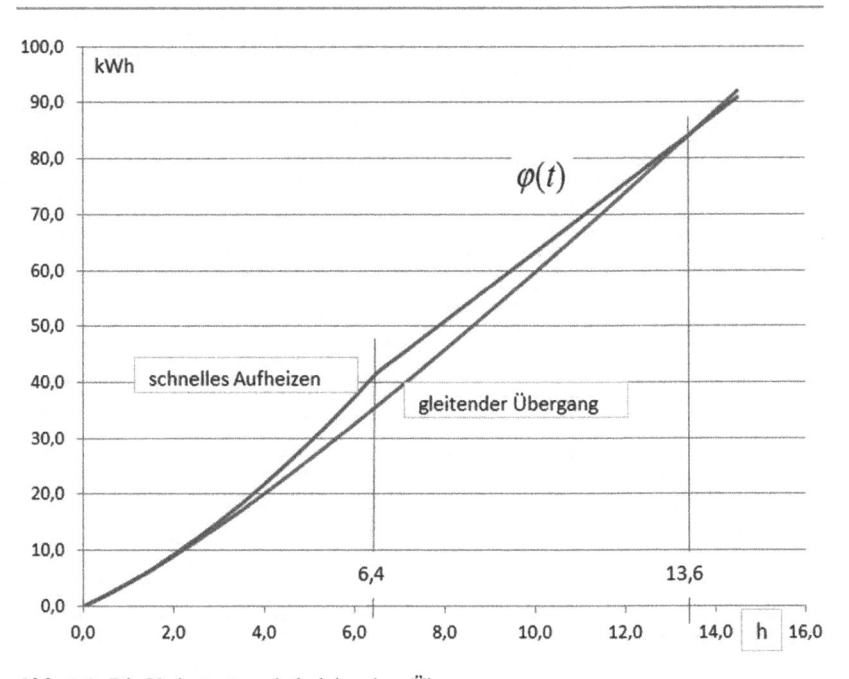

Abb. 9.3 Die Verlustwärme bei gleitendem Übergang

Diese Übereinstimmung der Energiewerte im Zeitpunkt, da ϑ_2 erreicht ist, scheint kein Zufall zu sein, denn eine Änderung der Parameter führt zu keinem anderen Ergebnis.

Es kann folgende Erklärung angeboten werden: Beim Aufheizen wächst die Verlustenergie proportional zur Zeit und zur Temperatur; sie wächst somit überproportional. Bei schnellem Aufheizen wird so die Solltemperatur ϑ_2 mit weniger Energieaufwand erreicht als beim langsamen. Bei diesem bewirkt die lange Aufheizdauer einen höheren Wärmeverlust. Beim Heizen mit $\vartheta_2 =$ konstant verläuft der Wärmeverlust proportional zur Zeit mit geringerer Steigung.

Somit überschneiden sich die Verläufe von beiden Vorgängen. Dass dies genau im Punkt T_0/ϑ_2 geschieht müsste mathematisch aufgezeigt werden können.

Zusammenfassung

Wir sind der Frage nachgegangen, ob ein rasches Aufheizen von einer Temperatur ϑ_1 auf den Sollwert ϑ_2 einen höheren Energieverbrauch nach sich zieht als ein langsames Aufheizen. Die Simulation zeigt in allen untersuchten Fällen, dass der Energieaufwand bei raschem und langsamem Aufheizen gleich hoch ist.

Die Rechenmodelle

10

Die ersten hier vorgestellten Simulationsmodelle enthalten nur eine Nachtabsenkung. Die Simulation beginnt bei den Rechenmodellen 1 bis 3 um 12 Uhr und endet um 12 Uhr des folgenden Tages. Beim Erweiterten Rechenmodell beginnt die Simulation mit der Phase der Abkühlung, d. h. zu der im Heizprogramm eingestellten Uhrzeit der Absenkung. Sie endet nach 24 Stunden.

Während des abgesenkten Betriebs kühlt sich der Raum bzw. das Gebäude ab. Dabei können je nach Dauer der vorgegebenen Absenkung und den Gebäudekonstanten 3 oder 4 Bereiche entstehen, die gesondert in der Simulation behandelt werden müssen. Dadurch werden 2 Rechenmodelle erforderlich. Wir stellen noch ein 3. Rechenmodell vor, das ein Aufheizen mit gleitender Leistungsanpassung vorsieht. Zuletzt präsentieren wir ein „Erweitertes Rechenmodell", das die Rechenmodelle 1 bis 3 umfasst und darüber hinaus eine 2. Temperaturabsenkung zu simulieren gestattet.

Zum besseren Verständnis werden die 3 Vorgänger-Modelle vorgestellt, da sich an ihnen die Probleme aufzeigen lassen.

Das Rechenmodell 1
Dieses Rechenmodell ist anzuwenden, wenn alle 4 Bereiche berücksichtigt werden müssen. Diese werden hier beschrieben, siehe hierzu die Skizze der Abb. 10.1.

Bereich I In diesem Bereich soll eine konstante Temperatur herrschen, wie es bei Tagbetrieb üblich ist. Entsprechend Kap. 7 wird nur die Energie zugeführt, die zur Deckung der Verlustwärme erforderlich ist.

Bereich II Hier lässt man die Temperatur absinken auf einen vorgegeben Wert. Der Raum/das Gebäude kühlt sich ab ohne Energiezufuhr, bis der Wert ϑ_1 erreicht ist.

© Springer Fachmedien Wiesbaden 2015
D. Allmendinger, *Heizstrategie – Die Simulation von Heizungsanlagen*, essentials,
DOI 10.1007/978-3-658-11940-9_10

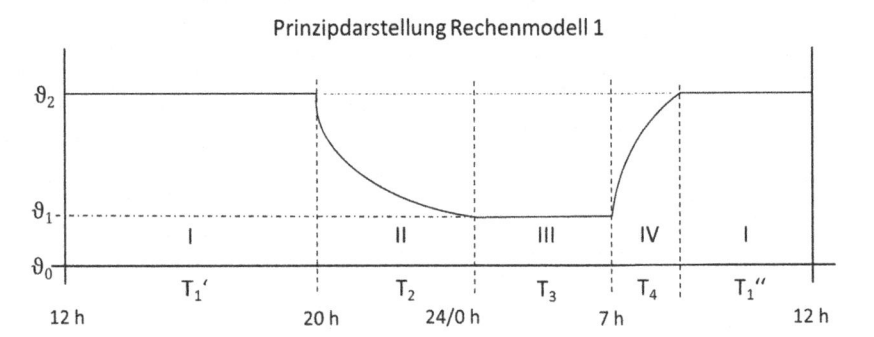

Abb. 10.1 Die 4 Phasen der Simulation

Bereich III Der Raum wird auf der abgesenkten Temperatur betrieben. Es wird nur so viel Energie zugeführt, dass dieser Wert erhalten bleibt.

Bereich IV Der Raum wird aufgeheizt, bis der obere Temperaturwert ϑ_2 wieder erreicht ist. Es kommen die im Kap. 6 entwickelten Funktionen zur Anwendung.

Die Bereiche I bis IV erstrecken sich über 24 h. Der Zyklus beginnt um 12:00 Uhr und endet um 12:00 Uhr des folgenden Tages.
  Die Schaltzeiten des Beginns und des Endes der Nachtabsenkung lassen sich vorgegeben.
  Die Zeit des Bereiches I (Tagbetrieb) ergibt sich aus dem Zeitbedarf des Bereichs IV, die Zeit für den Bereich III aus dem Zeitbedarf von II.
In der Abb. 10.1 sind dargestellt:
Beginn der Nachtabsenkung: 20.00 Uhr
Ende der Nachtabsenkung: 07.00 Uhr

Wir wollen die 4 Bereiche (I … IV), die durch Nachtabsenkung entstehen, separat betrachten und die jeweils zugeführten Energiemengen ermitteln. Dazu werden die je Bereich anzuwendenden Formeln beschrieben.
  Wir verwenden dabei folgende Bezeichnungen:

ϑ Innentemperatur (Variable)
ϑ_0 Außentemperatur
ϑ_1 Abgesenkte Innentemperatur
ϑ_2 Innentemperatur (Konstante)
$T_1 - T_4$ sind die Zeitphasen der Bereiche I … IV

τ Parameter der Abkühlungsgeschwindigkeit
N_o Leistung der Heizquelle [kW]
N_R reduzierte Leistung der Heizquelle [kW]
C Wärmekapazität des Raumes [kWh/K]

Bereich I: Während der Zeit T_1 soll die Temperatur konstant gehalten werden. Die Heizung hat nur den Wärmeverlust des Raumes aufzubringen. Wir verwenden aus Kap. 7 die Beziehung (7.2) und setzen dabei T_1 für t:

$$\varphi(t) = C \times \frac{T_1}{\tau} \times (\vartheta_2 - \vartheta_0)$$

Daraus berechnet sich der Energiebedarf, der den Wärmeverlust in der Zeit T_1 kompensiert.

Die Zeit T_1 besteht aus 2 Abschnitten: $T_1 = T_1' + T_1''$. Der Zeitabschnitt T_1'' wird nach Berechnung von T_4 ermittelbar.

Bereich II Hier liegt eine Abkühlung vor, die während T_2 ohne Energieaufwand abläuft. Die Zeit T_2, die verstreicht bis die Temperatur von ϑ_2 auf ϑ_1 abgefallen ist, lässt sich berechnen nach (3.2):

$$T_2 = \tau \times \ln \frac{(\vartheta_2 - \vartheta_0)}{(\vartheta_1 - \vartheta_0)}$$

Mit T_2 lässt sich die Zeit T_3 bestimmen, wenn die Dauer der Nachtabsenkung fixiert ist. Wenn sich für T_2 ein Wert ergibt, der größer ist als die Zeitspanne zwischen den vorgegebenen Schaltzeitpunkten (20 Uhr und 07 Uhr), so entfällt der Bereich III, d. h. neben den Bereichen I und IV ist dann nur der Bereich II zu berücksichtigen. In diesem Fall ist die Endtemperatur nach $\vartheta = (\vartheta_2 - \vartheta_0) \times e^{-t/\tau} + \vartheta_0$ zu bestimmen, wobei t die Zeitspanne zwischen den Schaltzeitpunkten ist. Diese Temperatur ist dann die Starttemperatur für den Bereich IV. In diesem Fall kommt das *Rechenmodell 2* zur Anwendung.

Bereich III Hier ist die Temperatur wie im Bereich I konstant, jedoch ist die Temperatur abgesenkt. Die zugeführte Energie zur Deckung der Verlustwärme im Zeitraum T_3 ist nach (7.2):

$$\varphi(t) = C \times \frac{T_3}{\tau} \times (\vartheta_1 - \vartheta_0)$$

Bereich IV Hier liegt der Fall vor, dass Aufheizen und Abkühlung gleichzeitig stattfinden.

Zunächst ist die Zeit T_4 zu bestimmen; sie lässt sich ermitteln aus (6.2), wenn man berücksichtigt, dass das Aufheizen von ϑ_1 auf ϑ_2 erfolgen soll:

$$T_4 = \frac{(\vartheta_2 - \vartheta_1)}{\dfrac{N_0}{C} - \dfrac{(\vartheta_2 - \vartheta_0)}{\tau}}$$

Während dieser Phase müssen 2 Wärmeenergien zugeführt werden:

* zur Erwärmung des Raumes:
$$Q(t) = \frac{\tau}{\tau + t} \times [N_0 \times t - C \times \frac{t}{\tau} \times (\vartheta_1 - \vartheta_0)] \text{ nach (6.3)}$$
* zur Deckung des Wärmeverlustes:
$$\varphi(t) = \frac{t}{t + \tau} \times [N_0 \times t + C \times (\vartheta_1 - \vartheta_0] \text{ nach (6.4)}$$

Dabei ist jeweils zu setzen für $t = T_4$.
Mit T_4 lässt sich der 2. Abschnitt der Zeit T_1 bestimmen.

Das Rechenmodell 2
Wenn im ersten Rechenprozess der Abschnitt T_3 im Ergebnisfeld negativ angezeigt wird, dann ist das Modell 2 zur Berechnung heranzuziehen. Die Abb. 10.2 zeigt grafisch den Temperaturverlauf.

In diesem Fall endet die Abkühlungsphase ohne die vorgegebene Absenkungstemperatur ϑ_1 erreicht zu haben, d. h., es ist $\vartheta_1' > \vartheta_1$.

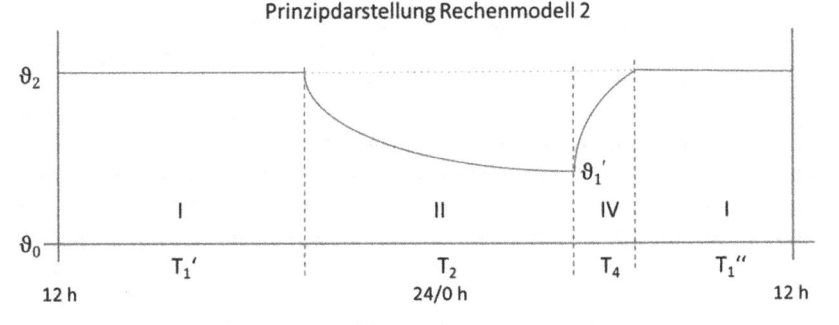

Abb. 10.2 Eine Simulation ohne Bereich III

Es sind hier folgende Formeln zur Berechnung in Excel hinterlegt:

Bereich I Wie im Rechenmodell 1 besteht die Zeit T_1 aus 2 Abschnitten:
$T_1 = T_1' + T_1''$. Der Zeitabschnitt T_1'' wird nach Berechnung von T_4 ermittelbar.
Die Größe des Wärmeverlustes berechnet sich wie oben nach (7.2):

$$\varphi(t) = C \times \frac{T_1}{\tau} \times (\vartheta_2 - \vartheta_0)$$

Bereich II Die Zeit T_2 ist hier gleich der Dauer der eingestellten Nachtabsenkung.
Die Temperatur, die sich durch Abkühlung bis zu diesem Zeitpunkt einstellt, ist
nach (3.1):

$$\vartheta_1' = (\vartheta_2 - \vartheta_0) \times e^{-T2/\tau} + \vartheta_0$$

Bereich IV Die Zeit T_4 zum Aufheizen von ϑ_1' auf ϑ_2 ist nach (7.2)

$$T_4 = \frac{(\vartheta_2 - \vartheta_1')}{\dfrac{N_0}{C} - \dfrac{(\vartheta_2 - \vartheta_0)}{\tau}}$$

Die Wärmeströme berechnen sich nach (6.3) bzw. (6.4):

$$Q(t) = \frac{\tau}{t + \tau} \times [N_0 \times t + C \times (\vartheta_1' - \vartheta_0)] \quad \text{oder aus} \quad Q = C \times (\vartheta_2 - \vartheta_1')$$

und

$$\varphi(t) = \frac{t}{t + \tau} \times [N_0 \times t + C \times (\vartheta_1' - \vartheta_0)]$$

je mit $t = T_4$.

Das Rechenmodell 3
Dieses Modell unterscheidet sich vom Modell 2 nur dadurch, dass der Bereich
IV nach (8.3) berechnet wird: das Aufheizen erfolgt „gleitend", d. h. die Leistung
wird beim Aufheizen mit zunehmender Nähe zum Punkt ϑ_2 reduziert. Dazu wird
ein weiterer Parameter, die reduzierte Leistung N_R, eingeführt. Da die Zeit T_4 sich
dadurch verlängert, wird der Abschnitt T_1'' entsprechend verkürzt. Diese Verände-
rungen sind im Rechenmodell 3 implementiert.

Das Erweiterte Rechenmodell
Die beschriebenen Rechenmodelle 1 bis 3 leiden unter der Einschränkung, dass
die Temperaturabsenkung vor Mitternacht beginnen und nach Mitternacht enden

muss. Das hängt zusammen mit der periodischen Uhrzeit, die von 0:00 bis 0:00 des folgenden Tages verläuft. Deshalb sind in diesen Modellen die Absenkungs-zeitpunkte immer auf 0:00 bezogen. In diesen Modellen wird davon ausgegangen, dass zur Berechnung als erstes ein Bereich I vorliegt, auf den danach die Bereiche II, III und IV folgen.

Dieser Bezug auf Mitternacht (0:00) wird in einem neuen Rechenmodell auf-gehoben. So kann eine Absenkung auch während des Tages ablaufen. Weiterhin wurde das neue „Erweiterte Modell" um eine 2. Absenkung erweitert. Es wurde auch dahingehend verbessert, dass der Benutzer nicht mehr je nach Fall Modell 1 oder Modell 2 unterscheiden und anwenden muss. Durch den Parameter N_R hat der Benutzer die Möglichkeit, eine gleitende Leistungsanpassung zu simulieren. Wenn er das nicht möchte – weil diese Anpassung keinen Einfluss auf den Energiever-brauch hat – kann er für diesen Parameter den Wert von N_0 einsetzen.

In Abb. 10.3 ist das Schema dargestellt. Ein 24-Stunden-Tag beginnt mit der 1. vorgegeben Absenkung (Punkt P_{1A}). Darauf folgen die Bereiche II, III und IV und danach die Bereiche I, II, III IV und I. Auch hier ist es möglich, dass die Bereiche III entfallen, wenn das Ende der Absenkungszeit erreicht wird, bevor die Tempera-tur auf den vorgegebenen Wert abgesunken ist.

Eine 24-h-Periode dauert von P_{1A} bis $P_{1A}+24$. Sie ist unterteilt in die Zeitab-schnitte T_1 bis T_8. Nach der Eingabe der Daten werden als erstes diese Zeitab-

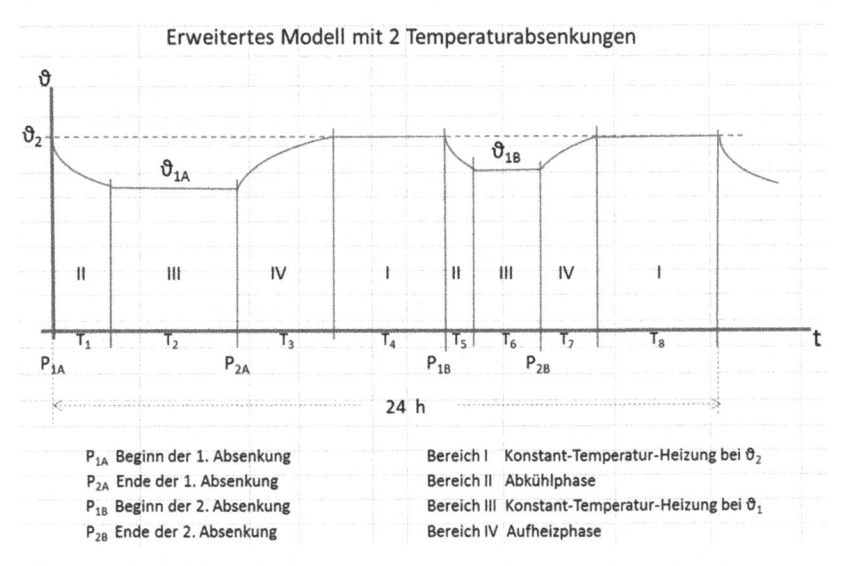

Abb. 10.3 Das Erweiterte Rechenmodell

schnitte berechnet und ausgewiesen. Die am Ende der Abkühlungsphase erreichte Temperatur ϑ_1 bzw. $\vartheta_1{}'$ wird in der Aufheizphase als Startpunkt genommen.

Wenn eine zweite Absenkung in der Simulation nicht gewünscht wird, kann dies leicht dadurch gesteuert werden, dass der betreffende Absenkungswert ϑ_1 gleich dem Sollwert ϑ_2 gesetzt wird. Auf diese Weise können auch beide Absenkungen unterdrückt werden.

Zusammenfassung

Es wurden anhand der Rechenmodelle 1 bis 3 einzelne Betriebsfälle beschrieben. Zuletzt wird ein ‚Erweitertes Rechenmodell' vorgestellt, das die Bedienung erleichtert. Es stellt sich ‚automatisch' auf eine andere Berechnungsart ein, wenn die vorgegebene, abgesenkte Temperatur in der Abkühlungsphase nicht erreicht wird. Außerdem lässt es eine 2. Absenkungsphase je Tag und die Simulation einer gleitenden Leistungsanpassung zu.

Die Eingabe- und Ergebnisdaten der Rechenmodelle

11

Mit der erworbenen Menge an mathematischen Beschreibungen der thermischen Vorgänge können wir einen Tagesablauf mit Temperaturabsenkungen simulieren und dabei studieren, wie einzelne Parameter den Energiebedarf beeinflussen.

Die Simulation wurde mit dem Tabellenkalkulationsprogramm Excel ausgeführt.

Die Abb. 11.1 zeigt die Struktur der Simulation - hier das Erweiterte Rechenmodell.

Werden Werte der linken Tabelle verändert, so werden in den beiden rechten Tabellen die Ergebnisse sofort angezeigt, da in den Rechenzellen von Excel die Formeln der Bereiche I bis IV hinterlegt sind

---

Beispiel

Die Abb. 11.2 zeigt in der Zelle I6 den Wert für ϑ'_{1A} und dazu im Kopf die dafür hinterlegte Formel (4.1).

Die Zelle für *Summen Wärmeenergie* der 3. Tabelle in Abb. 11.1 weist die über 24 h errechneten Wärmeenergien aus. Durch Änderungen der Eingabewerte kann der Energieaufwand jeweils angezeigt und in der Simulation minimiert werden.

Für den Wohnkomfort sind auch die Aufheizdauern von Bedeutung. Sie lassen sich als T_3 und T_5 aus der Tabelle *Berechnung der Zeitabschnitte* entnehmen.

Es seien hier zur Erläuterung noch 2 Bemerkungen gemacht:

1. Die Rechenmodelle unterstellen über 24 h eine konstante Außentemperatur ϑ_0.
2. Zeigen sich in der Tabelle *Berechnung der Zeitabschnitte* T_i negative Werte, dann wurden Daten eingegeben, die sich nicht vertragen, so zum Beispiel wenn eine zweite Absenkung begonnen werden soll, bevor der Aufheizvorgang der

© Springer Fachmedien Wiesbaden 2015
D. Allmendinger, *Heizstrategie – Die Simulation von Heizungsanlagen*, essentials,
DOI 10.1007/978-3-658-11940-9_11

Eingabedaten

Eingabedaten		
Temperaturabsenkung A		
Beginn (P$_{1A}$)	22:00	
Ende	5:00	
Zeitabschnitt P$_{1A}$ - P$_{2A}$ (h)	07:00	
Temperaturabsenkung B		
Beginn (P$_{1B}$)	13:30	
Ende	17:00	
Zeitabschnitt P$_{1B}$ - P$_{2B}$ (h)	3:30	
Zeitabschnitt P$_{1A}$ - P$_{1B}$	15:30	
Außentemperatur	ϑ_0 °C	-5,0
Abgesenkte Temperatur	ϑ_{3A} °C	5,0
Abgesenkte Temperatur	ϑ_{1B} °C	19,0
Tagessolltemperaur	ϑ_2 °C	22,0
Leistung	N$_0$ (kW)	30,0
Reduzierte Leistung	N$_R$ (kW)	30,0
Parameter	C (kWh/K)	15,0
Parameter	τ (h)	40,0

Berechnung der Zeitabschnitte T$_j$

Temperaturabsenkung A		
ϑ'_{1A} für T = T(P$_{1A}$-P$_{2A}$)	17,67	°C
T$_1$ Dauer der Abkühlung	7,00	h
T$_2$ Konstantheizung bei ϑ_{1A}	0,00	h
T$_3$ Aufheizdauer	3,27	h
T$_4$ Konstantheizung bei ϑ_2	5,23	h
Summe T$_1$ - T$_4$	15,50	h
Temperaturabsenkung B		
ϑ'_{1B} für T = T(P$_{1B}$-P$_{2B}$)	19,74	°C
T$_5$ Dauer der Abkühlung	3,50	h
T$_6$ Konstantheizung bei ϑ_{1B}	0,00	h
T$_7$ Aufheizdauer	1,71	h
T$_8$ Konstantheizung bei ϑ_2	3,29	h
Summe T$_5$ - T$_8$	8,50	h
Summe T$_j$ =	24,00	h

Berechnung der Wärmeenergien

ϑ'_{T} bzw. ϑ'_{i} effektiv	Zeitabschnitt TI	Q(TI)	φ(TI)	Σ
ϑ_{1A} °C 17,67	T1	0,00	0,00	0,00
17,67	T2	0,00	0,00	0,00
17,67	T3	65,02	33,12	98,14
	T4	0,00	52,94	52,94
Summen T$_1$ - T$_4$		65,02	86,06	151,08
ϑ_{1B} °C 19,74	T5	0,00	0,00	0,00
19,74	T6	0,00	0,00	0,00
	T7	33,93	17,29	51,22
	T8	0,00	33,34	33,34
Summen T$_5$ - T$_8$		33,93	50,6	84,56
Summen Wärmeenergie (kWh)		98,95	136,69	235,64

Abb. 11.1 Die Felder der Eingabe und der Ergebnisse

enablage	Schriftart		Ausrichtung		Zal
I13 ▼	f_x	=(C17-C14)*EXP(-(E12/C21))+C14			

A	B	C	D	G	H	I	J

Eingabedaten			Berechnung der Zeitabschnitte T_i		
Temperaturabsenkung A			Temperaturabsenkung A		
Beginn (P_{1A})	14:00		ϑ'_{1A} für T= T(P_{1A}-P_{2A})	21,02	°C
Ende	17:00		T_1 Dauer der Abkühlung	0,00	h
Zeitabschnitt P_{1A} - P_{2A} (h)	03:00		T_2 Konstantheizung bei ϑ_{1A}	3,00	h
Temperaturabsenkung B			T_3 Aufheizdauer	0,00	h
Beginn (P_{1B})	20:30		T_4 Konstantheizung bei ϑ_2	3,50	h
Ende	6:00		Summe T_1 - T_4	6,50	h
Zeitabschnitt P_{1B} - P_{2B} (h)	9:30		Temperaturabsenkung B		
Zeitabschnitt P_{1A} - P_{1B}	6:30		ϑ'_{1B} für T = T(P_{1B}-P_{2B})	19,07	°C
Außentemperatur ϑ_0 °C	2,0		T_5 Dauer der Abkühlung	9,50	h
Abgesenkte Temperatur ϑ_{1A} °C	22,0		T_6 Konstantheizung bei ϑ_B	0,00	h
Abgesenkte Temperatur ϑ_{1B} °C	15,0		T_7 Aufheizdauer	2,44	h
Tagessolltemperaur ϑ_2 °C	22,0		T_8 Konstantheizung bei ϑ_2	5,56	h
Leistung N_0 (kW)	23,0		Summe T_5 -T_8	17,50	h
Reduzierte Leistung N_R (kW)	23,0		Summe T_i =	24,00	h
Parameter C (kWh/K)	15,0				
Parameter τ (h)	60,0				

Abb. 11.2 In Excel hinterlegte mathematische Funktion

ersten Absenkung zu Ende ist. (Eine Heizungsanlage verträgt dies eventuell, in die Simulation wurde dieser Fall nicht einbezogen).

Zusammenfassung

Die beschriebenen Rechenmodelle zur Simulation von Heizungsanlagen wurden im Microsoft Tabellenkalkulationsprogramm realisiert. Das Feld für die Eingabe der Daten und die Felder der Ergebnisdaten werden dargestellt. Dazu wird beschrieben, wie die Formeln, die in den Kapiteln 3 bis 8 entwickelt wurden, im Excel-Programm hinterlegt sind.

Ergebnisse aus Simulationen

12

Es stehen folgende Stellschrauben für ein Energiemanagement zur Verfügung:

- die Zeitdauer der Nachtabsenkung;
- der Wert der Nachtabsenkung ϑ_1
- der Wert der Innentemperatur ϑ_2.

Sie können mit unterschiedlichen Außentemperaturen kombiniert werden. N_0, C und τ sind für ein Gebäude konstante Größen (vgl. a. Kap. 14). Auch sie lassen sich variieren.
Es werden 2 Szenarien vorgestellt:

1. Die Simulation eines Wintertages mit $\vartheta_0 = -5\,°C$
2. Die Simulation eines Übergangstages mit $\vartheta_0 = +10\,°C$

Dabei werden je 7 und 9 Stunden Nachtabsenkung angesetzt und innerhalb dieser wird die abgesenkte Temperatur mit 5 und 17 °C gewählt. Als Grundwerte gelten $N_0 = 30$ kW, C = 10 kWh/K und $\tau = 30$ h. Daraus ergeben sich 8 Fälle.
Es wird sich zeigen, dass eine Temperaturabsenkung an Wirkung verliert, wenn ein Gebäude gut wärmeisoliert ist, d. h., wenn es einen hohen τ-Wert aufweist. Wir werden deshalb die 8 Fälle noch einmal mit einem τ-Wert von 80 h simulieren.

Es soll hier zunächst gezeigt werden, wie der erste der 8 Fälle sich im Rechenmodell darstellt; siehe Abb. 12.1.

Hier sind eine Absenkungsdauer von 7 h, $-5,0\,°C$ Außentemperatur, $5,0\,°C$ Absenkungstemperatur, eine Innentemperatur von 22,0 °C, $N_0 = 30$ kW Heizleistung, C = 10 kWh/K und $\tau = 30$ h vorgegeben. Der Energieaufwand beträgt für 24 h 209,2 kWh. Außerdem lässt sich erkennen: die Temperatur sinkt ab bis auf 16,4 °C und die Aufheizdauer T_3 beträgt 2,7 h.

© Springer Fachmedien Wiesbaden 2015
D. Allmendinger, *Heizstrategie – Die Simulation von Heizungsanlagen,* essentials,
DOI 10.1007/978-3-658-11940-9_12

Eingabedaten

Temperaturabsenkung A	
Beginn (P$_{1A}$)	22:00
Ende	5:00
Zeitabschnitt P$_{1A}$ - P$_{2A}$ (h)	07:00
Temperaturabsenkung B	
Beginn (P$_{1B}$)	10:00
Ende	15:00
Zeitabschnitt P$_{1B}$ - P$_{2B}$ (h)	5:00
Zeitabschnitt P$_{1A}$ - P$_{1B}$	12:00
Außentemperatur ϑ_0 °C	-5,0
Abgesenkte Temperatur ϑ_{1A} °C	5,0
Abgesenkte Temperatur ϑ_{1B} °C	22,0
Tagessolltemperatur ϑ_2 °C	22,0
Leistung N$_0$ (kW)	30,0
Reduzierte Leistung N$_1$ (kW)	30,0
Parameter C (kWh/K)	10,0
Parameter τ (h)	30,0

Berechnung der Zeitabschnitte T$_i$

Temperaturabsenkung A			Zeitpunkte
ϑ'_{1A} für T = T(P$_{1A}$·P$_{2A}$)	16,38	°C	22:00
T$_1$ Dauer der Abkühlung	7,00	h	5:00
T$_2$ Konstantheizung bei ϑ_{1A}	0,00	h	5:00
T$_3$ Aufheizdauer	2,68	h	7:40
T$_4$ Konstantheizung bei ϑ_2	2,32	h	10:00
Summe T$_1$ - T$_4$	12,00	h	
Temperaturabsenkung B			
ϑ'_{1B} für T = T(P$_{1B}$·P$_{2B}$)	17,86	°C	10:00
T$_5$ Dauer der Abkühlung	0,00	h	15:00
T$_6$ Konstantheizung bei ϑ_B	5,00	h	15:00
T$_7$ Aufheizdauer	0,00	h	15:00
T$_8$ Konstantheizung bei ϑ_2	7,00	h	22:00
Summe T$_5$ - T$_8$	12,00	h	
Summe T$_i$ =	24,00	h	

Berechnung der Wärmeenergien

$\vartheta_{1 bzw.}\,\vartheta'_1$ effektiv	Zeitabschnitt Ti	Q(Ti)	φ(Ti)	Σ
ϑ_{1A} °C	T1	0,00	0,00	0,00
16,38	T2	0,00	0,00	0,00
	T3	56,19	24,08	80,27
	T4	0,00	20,92	20,92
Summen T$_1$ - T$_4$		56,19	45,00	101,19
ϑ_{1B} °C	T5	0,00	0,00	0,00
22,00	T6	0,00	45,00	45,00
	T7	0,00	0,00	0,00
	T8	0,00	63,00	63,00
Summen T$_5$ - T$_8$		0,00	108,0	108,00
Summen Wärmeenergie (kWh)		56,19	153,00	209,19

Abb. 12.1 Die Simulation eines Wintertages

Tab. 12.1 10 Simulationen und ihre Ergebnisse

Absenkungsdauer h	ϑ_0 °C	ϑ_1 °C	ϑ_2 °C	N_0 kW	C kWh/K	τ h	Wärmeenergie kWh
7,0	−5,0	5,0	22,0	30,0	10,0	30,0	209,2
7,0	−5,0	17,0	22,0	30,0	10,0	30,0	209,3
9,0	−5,0	5,0	22,0	30,0	10,0	30,0	205,0
9,0	−5,0	17,0	22,0	30,0	10,0	30,0	206,0
0,0	−5,0	22,0	22,0	30,0	10,0	30,0	216,0
7,0	10,0	5,0	22,0	30,0	10,0	30,0	93,0
7,0	10,0	17,0	22,0	30,0	10,0	30,0	93,0
9,0	10,0	5,0	22,0	30,0	10,0	30,0	91,1
9,0	10,0	17,0	22,0	30,0	10,0	30,0	91,1
0,0	10,0	22,0	22,0	30,0	10,0	30,0	96,0

Tab. 12.2 Die 10 Simulationen bei einem τ- Wert von 80 h

Absenkungsdauer h	ϑ_0 °C	ϑ_1 °C	ϑ_2 °C	N_0 kW	C kWh/K	τ h	Wärmeenergie kWh
7,0	−5,0	5,0	22,0	30,0	10,0	80,0	80,0
7,0	−5,0	17,0	22,0	30,0	10,0	80,0	80,0
9,0	−5,0	5,0	22,0	30,0	10,0	80,0	79,4
9,0	−5,0	17,0	22,0	30,0	10,0	80,0	79,4
0,0	−5,0	22,0	22,0	30,0	10,0	80,0	81,0
7,0	10,0	5,0	22,0	30,0	10,0	80,0	35,6
7,0	10,0	17,0	22,0	30,0	10,0	80,0	35,6
9,0	10,0	5,0	22,0	30,0	10,0	80,0	35,3
9,0	10,0	17,0	22,0	30,0	10,0	80,0	35,3
0,0	10,0	22,0	22,0	30,0	10,0	80,0	36,0

Die Ergebnisse der Simulationen sind in Tab. 12.1 zusammengefasst:
Es zeigt sich, dass die Außentemperatur hier die dominante Rolle im Energieverbrauch spielt. Weniger wirksam dagegen ist die Dauer der Nachtabsenkung und
noch unwesentlicher ist die Höhe der Absenkungstemperatur ϑ_1. Zum Vergleich
wurde je auch das Ergebnis für einen Betrieb ohne Nachtabsenkung eingefügt (Absenkungsdauer = 0).
Es soll noch dasselbe mit einem τ-Wert von 80 h gezeigt werden; siehe Tab. 12.2.
Der Sprung des τ-Wertes von 30 auf 80 h hat eine wesentliche Reduzierung des
Energieverbrauches zur Folge. Auch hier zeigt sich, dass sich mit der Absenkung
der Temperatur nur geringe Ersparnisse erzielen lassen. Ein tiefer Wert von ϑ_1 hat
keine Wirkung.

Tab. 12.3 Der Einfluss der Innentemperatur auf den Energieverbrauch

ϑ_0 °C	ϑ_2 °C	N_0 kW	C kWh/K	τ h	Wärmeenergie kWh
0,0	21,0	30,0	10,0	60,0	82,6
0,0	24,0	30,0	10,0	60,0	94,4

Tab. 12.4 Die Aufheizdauer in Abhängigkeit von der Außentemperatur

ϑ_0 °C	ϑ_2 °C	ϑ_1 °C	N_0 kW	N_R kW	C kWh/K	τ h	Aufheizdauer h
−10,0	22,0	15,0	25,0	25,0	15,0	50,0	6,8
−5,0	22,0	15,0	25,0	25,0	15,0	50,0	6,2
0,0	22,0	15,0	25,0	25,0	15,0	50,0	5,7
10,0	22,0	15,0	25,0	25,0	15,0	50,0	4,9

Es sei noch der Einfluss der Innentemperatur ϑ_2 auf den Energieverbrauch untersucht:
für $\vartheta_0 = 0\,°C$ und $\tau = 60$ h – bei 7 h Temperaturabsenkung; siehe Tab. 12.3.
Eine erhöhte Raumtemperatur wirkt sich proportional zur Temperaturdifferenz $(\vartheta_2 - \vartheta_0)$ auf den Energieverbrauch aus.
Die Aufheizdauer ist von mehreren Parametern abhängig. Dies soll im Folgenden gezeigt werden:
Die Aufheizdauern T_3 und T_7 sind abhängig von der Leistung N_0 der Heizungsanlage und vom gewählten Wert des Parameters N_R und natürlich von der Außentemperatur ϑ_0.
Die Tab. 12.4 zeigt die Abhängigkeit der Aufheizdauer von der Außentemperatur, für einen Baukörper im Temperaturniveau $\vartheta_1 = 15\,°C$, errechnet aus (6.2).
Die Aufheizdauer in Abhängigkeit von der Leistung N_0 zeigt Tab. 12.5.
Wird für N_R ein Wert $N_R < N_0$ gewählt, so verlängert sich die Aufheizdauer: vgl. Kap. 8: Dies wird aus Tab. 12.6 deutlich.

Tab. 12.5 Die Aufheizdauer in Abhängigkeit von der Leistung der Heizungsanlage

ϑ_0 °C	ϑ_2 °C	ϑ_1 °C	N_0 kW	N_R kW	C kWh/K	τ h	Aufheizdauer h
−5,0	22,0	15,0	15,0	15,0	15,0	50,0	15,2
−5,0	22,0	15,0	20,0	20,0	15,0	50,0	8,8
−5,0	22,0	15,0	25,0	25,0	15,0	50,0	6,2
−5,0	22,0	15,0	30,0	30,0	15,0	50,0	4,8

Tab. 12.6 Der Einfluss des Parameters N_R auf die Aufheizdauer

ϑ_0 °C	ϑ_2 °C	ϑ_1 °C	N_0 kW	N_R kW	C kWh/K	τ h	Aufheizdauer h
−5,0	22,0	15,0	25,0	19,0	15,0	50,0	9,6
−5,0	22,0	15,0	25,0	20,0	15,0	50,0	8,8
−5,0	22,0	15,0	25,0	23,0	15,0	50,0	7,0
−5,0	22,0	15,0	25,0	25,0	15,0	50,0	6,2

Tab. 12.7 Die Einflüsse von Absenkungstemperatur und Absenkungsdauer auf den Energieverbrauch

$N_0 = 30$ kW, $C = 10$ kWh/K, $\tau = 20$ h

Absen-kungsdauer h				Aufheizen				Heizen bei ϑ_2 bzw. ϑ_1 = konst	
	ϑ_0	ϑ_1	ϑ_1'	ϑ_2	T_3 h	Q kWh	φ kWh	φ kWh	Su kWh
10,0	−10	15	9,4	22,0	5,0	70,0	80,0	207,2	357,2
10,0	−10	8	9,4	22,0	9,0	125,9	143,9	80,1	349,9
5,0	−10	15	14,9	22,0	5,0	70,0	80,0	224,8	374,8
5,0	−10	8	14,9	22,0	5,1	70,8	80,9	223,1	374,8

Es sei abschließend noch folgende Betrachtung angestellt:

Ein Gebäude mit einer Heizungsanlage $N_0 = 30$ kW werde einmal mit einer Absenkungsdauer von 10 h und einer solchen von 5 h betrieben. Dabei betrage die Außentemperatur $-10\,°C$ und die eingestellte Absenkungstemperatur ϑ_1 sei einmal 15 °C und einmal 8 °C.

In der Tab. 12.7 sind die Daten und die Ergebnisse zusammengestellt.

Wie sind die Ergebnisse zu erklären?

Bei einer Absenkungsdauer von 10 h sinkt die Temperatur ϑ_2 ohne Heizbetrieb bis auf 9,4 °C ab.

Wenn eine Absenkungstemperatur $\vartheta_1 = 15\,°C$ eingestellt ist, dann wird in der Phase III mit dieser Temperatur konstant geheizt; das führt dann zu einem Aufwand von 207 kWh. Im Gegenzug ist der Aufwand, um von 15 °C auf 22 °C aufzuheizen geringer: es sind 70 + 80 kWh aufzuwenden.

Wenn die Absenkungstemperatur auf $\vartheta_1 = 8\,°C$ eingestellt ist, dann sinkt die Temperatur in 10 h bis auf 9,4 °C ab; bei dieser setzt das Aufheizen ein. Die Phase III ist somit entfallen: es gibt hier keine Heizung während der Absenkungsdauer. Somit entsteht hier kein Aufwand. Allerdings ist der Aufwand zum Aufheizen hier wesentlich höher; auch die Aufheizdauer steigt von 5 auf 9 h. In der Summe ist der Energieaufwand bei $\vartheta_1 = 8\,°C$ nur ca. 2 % geringer.

Wird die Anlage mit einer Absenkungsdauer von 5 h betrieben, dann fällt die Temperatur ϑ_2 auf 14,9 °C ab, wenn keine Heizung wirkt. Die Absenkungstemperaturen 15 °C bzw. 8 °C liegen unter bzw. nahe diesem Wert, das heißt, dass die Phase III entfällt. In beiden Fällen erfolgt das Aufheizen ab ca. 14,9 °C und der Aufwand ist in beiden Fällen etwa gleich. Da hier die Absenkungsdauer mit 5 h kürzer ist als im obigen Fall, wird die restliche Tageszeit entsprechend länger; es fällt damit ein höherer Energieaufwand für das Heizen bei 22 °C an.

Die Verdopplung der Absenkungsdauer (5 auf 10 h) bringt in diesem Beispiel eine Energieersparnis von ca. 6 %.

Das führt zu der Erkenntnis: Nur bei langen Absenkungsdauern (> 8 h) bewirken niedrige Temperaturwerte ϑ_1 eine deutliche Energieeinsparung.

Es sei zuletzt noch auf eine Sammlung von diversen Simulationen verwiesen, die der Leser auf der Produktseite dieses Buches unter http://www.springer.com/de/book/9783658119393 downloaden kann. Dort findet er auch die beschriebenen Rechenmodelle als Excel-Dateien.

Zusammenfassung

Es stehen folgende Stellschrauben für ein Energiemanagement zur Verfügung:
* Die Zeitdauer der Nachtabsenkung;
* Der Wert der Nachtabsenkung ϑ_1
* Der Wert der Innentemperatur ϑ_2
* Der Parameter N_R

N_0, C und τ sind für ein Gebäude konstante Größen (vgl. a. Kap. 14). Auch sie lassen sich variieren. Auch wenn die Außentemperatur keine beeinflussbare Größe ist, so lässt sich doch ihre Wirkung auf den Energieverbrauch mittels Simulation aufdecken.

Die Auswirkungen der einzelnen Größen wurde untersucht und in Tabellenform dargestellt. Daraus lassen sich auch Erkenntnisse allgemeiner Art treffen.

Simulation einer Heizungsanlage im Urlaubsbetrieb

13

Es sei hier noch ein Rechenmodell für eine Simulation über mehrere Tage vorgestellt. Eine solche Simulation leidet zwar an der Schwäche, dass die Außentemperaturen im betrachteten Zeitraum nur über die Wetterprognose ermittelbar sind und die Tages- und Nachttemperaturen gemittelt werden müssen. Das Modell selbst kennt nur eine Außentemperatur, d. h. man muss eine Temperatur über mehrere Tage schätzen oder eine saisonübliche Temperatur vorgeben.

Wird ein Gebäude/eine Wohnung mehrere Tage lang nicht bewohnt, dann lässt sich die Temperatur in dieser Zeit auf niedrigem Niveau betreiben. Für den Betreiber stellen sich bei der Programmierung des Urlaubsbetriebs 2 Fragen:

- Welche Absenkungstemperatur ergibt den sparsamsten Betrieb und
- mit welcher Aufheizdauer ist am Ende des abgesenkten Betriebs zu rechnen.

Heutige Heizungsanlagen erlauben eine Programmierung folgender Art:

Eingabe des ersten und des letzten Tags der Absenkung. Das bedeutet: Am ersten Tag tritt ab 00:00 Uhr das Urlaubsprogramm in Kraft; es endet am letzten Tag (Tag n) um 23:59 Uhr.

Daneben lässt sich eingeben, auf welcher Temperatur (ϑ_1) die Heizungsanlage betrieben werden soll.

Die Temperatur wird mit dem Beginn des Urlaubsprogramms absinken; das kann sich je nach dem Wert τ und dem vorgegebenen Wert ϑ_1 über einen oder mehrere Tage erstrecken. In dieser Zeit läuft die Heizung nicht. Wenn der Wert ϑ_1 erreicht ist, wird auf dieser abgesenkten Temperatur geheizt. Am Tag $n+1$, das heißt am Tag nach dem Ende der programmierten Urlaubszeit beginnt die Heizung die Temperatur bis auf den Wert ϑ_2 zu erhöhen. Wenn die Temperaturdifferenz hoch ist, kann dieser Aufheizvorgang längere Zeit in Anspruch nehmen. Wenn um 00:00

© Springer Fachmedien Wiesbaden 2015
D. Allmendinger, *Heizstrategie – Die Simulation von Heizungsanlagen*, essentials,
DOI 10.1007/978-3-658-11940-9_13

Mehrtägige Simulation

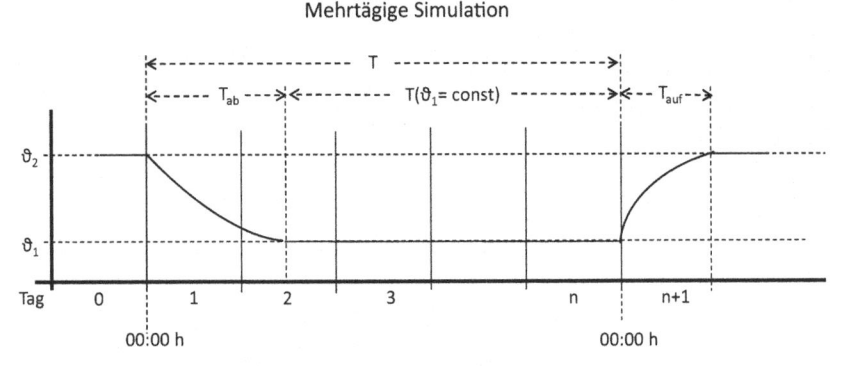

Abb. 13.1 Schematische Darstellung der mehrtägigen Simulation

Uhr das normale Heizprogramm einsetzt und mit abgesenkter Temperatur beginnt, dann verschiebt sich ein Aufheizvorgang eventuell weit in den Tag hinein.

Die Abb. 13.1 zeigt die Basis, auf der das Simulationsmodell beruht.

Die Absenkung der Temperatur beginnt am Tag 1 um 00:00 Uhr und zieht sich über Stunden und Tage hin bis die Temperatur ϑ_1 erreicht ist. Die Dauer ist beschrieben durch die Formel (3.2). Das Heizen bei konstanter Temperatur ϑ_1 hat einen Energieaufwand $\varphi(t)$ zur Folge nach (7.2). Am Tag $n+1$ erfolgt das Aufheizen von ϑ_1 auf ϑ_2. Die Dauer dafür errechnet sich aus (6.2); der Energieaufwand wird mit (6.3) und (6.4) bestimmt. Damit sind die mathematischen Beziehungen für die mehrtägige Simulation vollständig aufgezeigt. Auf ein langsames Aufheizen wird hier verzichtet. Auch eine Verschiebung des Aufheizvorganges durch ein Tagesprogramm wurde nicht vorgesehen. Diese muss der Betreiber entsprechend seinem Programm in Rechnung stellen.

Wenn bei der Abkühlung die vorgegebene Temperatur ϑ_1 in der Zeit T nicht erreicht wird, beginnt der Aufheizvorgang bei der Temperatur $\vartheta(T)=\vartheta'_1$. Dies wird im Rechenmodell berücksichtigt.

Ein Beispiel für Eingabedaten ist in Abb. 13.2 gezeigt.

Wir zeigen hier 2 Ergebnisse aus Simulationen mit diesem Modell.

1. Für eine 5-tägige Abwesenheit soll ermittelt werden, welche Innentemperatur den geringsten Energieaufwand erfordert und wie sich dazu die Dauer des Wiederaufheizens verhält.

   Der folgende Ausschnitt aus dem Excel-Programm in Abb. 13.3 zeigt die Eingabewerte und die Ergebnisse für einen Temperaturwert von $\vartheta_1 = 12\,°C$.

   Das Ergebnis ist: Energieaufwand: 472 kWh. Aufheizdauer: 9,5 h.

Abb. 13.2 Die Eingabedaten bei mehrtägiger
Simulation

Eingabedaten	
Temperaturabsenkung	
Tag der Eingabe (Tag 0)	14.03.15
Beginn der Absenkung (Tag 1)	15.03.15
Letzter Tag (Tag n)	19.03.15
Ende Absenkung (n+1)	20.03.15
Tage mit abgesenkter Temperatur	5,00
Außentemperatur ϑ_0 °C	2,0
Abgesenkte Temperatur ϑ_1 °C	12,0
Tagessolltemperaur ϑ_2 °C	22,0
Leistung N_0 (kW)	25,0
Parameter C (kWh/K)	18,0
Parameter τ (h)	60,0

Auf diese Art wurden folgende Temperaturwerte simuliert:
$\vartheta_1 = 16,0/12,0/8,0/6,0$ und 4,0 °C mit folgenden Ergebnissen; siehe Abb. 13.4.
Erwartungsgemäß sinkt der Energieverbrauch, wenn tiefere Absenkungstemperaturen gewählt werden. Es zeigt sich jedoch eine Grenze, ab der der Energieverbrauch konstant bleibt (abhängig von n, ϑ_0, ϑ_1, τ).

2. Für diese Simulation zeigen wir noch einen Vergleich mit dem Fall, dass kein
Urlaubsprogramm gewählt wird, das heiß, dass das tägliche Standardprogramm
angewendet bleibt.
Es wurden dieselben Parameter gewählt bei $\vartheta_1 = 12,0$ °C und einer Nachtabsenkung über 9 h.
Das Ergebnis ist ein täglicher Energieverbrauch von 140 kWh. In 5 Tagen werden damit 700 kWh verbraucht. Die Abb. 13.3 zeigt dagegen für ein Urlaubsprogramm einen Verbrauch von 472 kWh. Ein Urlaubsprogramm kann also zu
einer erheblichen Energieeinsparung führen.

Das Urlaubsprogramm ist demnach ein effektives Mittel, um den Energieverbrauch zu senken. Dem steht allerdings gegenüber, dass am 6. Tag das Gebäude
von 12 auf 22 °C aufgeheizt werden muss und dieser Vorgang 9,5 h dauert. Wenn
der Betreiber diesen Nachteil vermeiden will, wird er das Urlaubsprogramm auf
4 Tage einstellen. Damit wird am 5. Tag aufgeheizt und 6. Tag steht die ge-
wohnte Innentemperatur zur Verfügung. In diesem Fall ergibt die Simulation einen
Energieverbrauch von 400 kWh. Gegenüber einem Betrieb im Standardprogramm
ist auch dies noch wesentlich effektiver.

Eingabedaten

Temperaturabsenkung	
Tag der Eingabe (Tag 0)	14.03.15
Beginn der Absenkung (Tag 1)	15.03.15
Letzter Tag (Tag n)	19.03.15
Ende Absenkung (n+1)	20.03.15
Tage mit abgesenkter Temperatur	5,00
Außentemperatur ϑ_0 °C	2,0
Abgesenkte Temperatur ϑ_1 °C	12,0
Tagessolltemperaur ϑ_2 °C	22,0
Leistung N_0 (kW)	25,0
Parameter C (kWh/K)	18,0
Parameter τ (h)	60,0

Mehrtägige Simulation

Zwischenrechnung	
T = n*24 (h)	120,00
T_{ab} (h)	41,59
T_{const} (h)	78,41
ϑ_1' (°C)	12,00
T_{auf} (h)	9,47

Berechnung der Wärmeenergien				
	Zeitabschnitt t T	Q(Ti)	φ(Ti)	Σ
T_{const} =	78,41	-	235,23	235,23
T_{auf} =	9,47	180,00	56,84	236,84
Summen Wärmeenergie (		180,00	292,08	472,08

Abb. 13.3 Ein Simulationsergebnis

Simulationsergebnisse				
		Wärmeenergie (kWh)		
ϑ_1	T_{auf} (h)	Konstant	Aufheizen	Summe
16 °C	5,7	414	142	556
12 °C	9,5	235	237	472
8 °C	13,3	86	332	418
6 °C	15,2	28	379	407
4 °C	16,4	0	409	409

Abb. 13.4 Simulationsergebnisse für unterschiedliche Absenkungstemperaturen

Zusammenfassung

Auch eine mehrtägige Simulation wurde mit Excel realisiert. Die täglichen Außentemperaturen sind nicht vorhersehbar, es muss deshalb eine saisonübliche oder eine mittlere Außentemperatur angesetzt werden.

Die Auswirkungen der Absenkungsdauern und der Absenkungstemperatur wurden simuliert und die Ergebnisse diskutiert. Es zeigt sich, dass hier tiefere Absenkungstemperaturen zu niedrigerem Energieaufwand führen.

Ein Urlaubsprogramm der Heizungsanlage ist ein effektives Mittel, um den Energieverbrauch zu senken.

Die Ermittlung der Gebäude-Konstanten τ und C

14

Die Konstanten τ und C kennzeichnen das wärmetechnische Verhalten eines Gebäudes bzw. einer Wohnung. Sie allein bestimmen neben den Temperaturniveaus den täglichen Energiebedarf. Der Wert C wird vorwiegend durch die Größe eines Gebäudes (die Baumasse) bestimmt. Man ist geneigt anzunehmen, dass die Größe der Gebäudeoberfläche den Wert τ festlege. Das ist nicht der Fall; denn ein großes Gebäude kühlt nicht notwendig schneller ab als ein kleines. Hier ist es eher das Verhältnis der Oberfläche zum Gebäudevolumen, das den Wert τ beeinflusst und damit ist es die Form. Sicher aber sind es die Wandstärken und die Materialien der Außenwände, die den Wert τ beeinflussen.

Die Rechenmodelle geben nur dann den Energiebedarf eines Gebäudes richtig wieder, wenn die beiden Konstanten sorgfältig ermittelt werden. Das aber ist nicht einfach; denn die Konstanten sind nicht so konstant wie man annehmen möchte. Hier spielt unter anderem die Witterung eine Rolle: durch Sonneneinstrahlung kann C vorübergehend verringert erscheinen. Starker Winddruck, auch offenstehende Fenster oder gezielte Lüftungen entziehen Wärme und wirken sich auf den Wert τ aus. Darüber hinaus kann C nur über den Wert τ ermittelt werden; seine Genauigkeit bestimmt auch die von C. Es ist also τ vor C zu ermitteln.

In der Simulation werden die Konstanten als Parameter angesetzt. Die Rechenmodelle akzeptieren jeden beliebigen positiven Wert.

Die Konstante τ

Sie kennzeichnet die Abkühlungsgeschwindigkeit einer Wohnung oder eines Gebäudes. Der Zahlenwert der Konstante ist umso höher je besser das Gebäude nach außen isoliert ist.

© Springer Fachmedien Wiesbaden 2015
D. Allmendinger, *Heizstrategie – Die Simulation von Heizungsanlagen*, essentials,
DOI 10.1007/978-3-658-11940-9_14

Um die Konstante zu ermitteln, lässt man das Gebäude abkühlen und misst zu Beginn und am Ende die Innentemperatur und dazu die während der Abkühlung herrschende Außentemperatur.

Wenn eine Nachtabsenkung eingestellt ist, kann man während dieser Phase die Messungen anstellen – es muss jedoch sicher sein, dass die Heizung in dieser Zeit nicht arbeitet. Die Innentemperaturen ϑ_B (Beginn) und ϑ_E (Ende) werden an einem Thermometer abgelesen, das repräsentativ für die Wohnung ist (im beheizten Wohnbereich). Dazu wird die Außentemperatur ϑ_0 festgehalten (ggf. ein Mittelwert).

Bezüglich der Genauigkeit des Ergebnisses ist es günstig, zu einer Zeit zu messen, in der eine niedrige Außentemperatur zu erwarten ist; dazu ist eine möglichst lange Messdauer zu wählen.

Die Zeitspanne T der Messung wird ermittelt aus den Zeitpunkten der Ablesung: $T = t_B - t_E$

Damit kann der Wert τ errechnet werden:

$$\tau = \frac{T}{\ln \dfrac{\vartheta_B - \vartheta_0}{\vartheta_E - \vartheta_0}}$$

(ln ist der natürliche Logarithmus. Die Rechenfunktion findet sich auf den meisten Taschenrechnern)

Ein Beispiel:

Am Abend um 21:30 Uhr (mit Beginn der Nachtabsenkung) wird abgelesen:	
Innentemperatur	$\vartheta_B = 22,3\,°C$
Außentemperatur	$\vartheta_0 = -3,5\,°C$
In der Frühe um 6:15 Uhr sind die Werte:	
Innentemperatur	$\vartheta_E = 18,2\,°C$
Außentemperatur	$\vartheta_0 = -4,2\,°C$
Die Zeitspanne T beträgt: 21:30/06:15	$T = 8,75\,h$
Die Außentemperatur wird gemittelt:	$\vartheta_0 = -3,85\,°C$
Damit lässt sich errechnen:	
$\tau = \dfrac{8,75}{\ln \dfrac{22,3-(-3,85)}{18,2-(-3,85)}} = \dfrac{8,75}{\ln \dfrac{26,15}{22,05}} = \dfrac{8,75}{0,1705}$	$\tau = 51,3\,h$

Die Konstante C

Sie drückt aus, welche Energiemenge erforderlich ist, um ein Gebäude/eine Wohnung um 1 °C zu erwärmen. C ist somit ein Maß der Speicherfähigkeit des Gebäudes.

Im Physiklabor wird die Wärmekapazität z. B. von Wasser dadurch bestimmt, dass man in einem gut wärmeisolierten Gefäß die Wassermenge erwärmt und die dabei zugeführte Energiemenge und die Anfangs- und Endtemperaturen in Beziehung setzt. Dagegen ist ein Gebäude/eine Wohnung stets nur unvollkommen gegen die Umgebungstemperatur isoliert. Deshalb eignet sich hier zur Ermittlung von C die Methode des Physiklabors nicht: ein Aufheizen geschieht nicht ohne Wärmeverluste. Wir werden deshalb eine andere Methode anwenden, um C zu ermitteln.

Es muss hier auch noch gesagt werden:

In Abweichung von der Physik, die für die Wärmekapazität eines Körpers diesen als homogen voraussetzt — das heißt, in jedem Punkt des Körpers herrscht die gleiche Temperatur — haben wir es hier mit einem inhomogenen Körper zu tun. Die Innentemperaturen sind nicht in jedem Raum dieselben; die Räume werden unterschiedlich beheizt. Wenn wir für ein Gebäude den Wert C ermitteln, so gilt dieser Wert für die Temperaturverhältnisse, die im Zeitpunkt seiner Ermittlung bestanden haben. Das heißt: Werden in einem oder mehreren Räumen die Temperaturregler neu eingestellt, dann muss ein neuer C-Wert ermittelt werden.

Wir schlagen vor, für die Ermittlung des Wertes C die Formel (7.2) zu Grunde zu legen:

$$\varphi(t) = C \times \frac{T}{\tau} \times (\vartheta_2 - \vartheta_0)$$

Sie beschreibt die Verlustwärme im Zustand ϑ_2 = konstant. In diesem Zustand ist
$\varphi(T) = N \times T$

das heißt, die Verlustwärme ist genau gleich der dem Gebäude zugeführten Wärmemenge. Um diesen Wert zu ermitteln, muss eine Verbrauchsmessung ausgeführt werden.

In gasbetriebenen Heizungsanlagen lässt sich durch Ablesen am Gaszähler leicht die zugeführte Energiemenge ermitteln. Ölbeheizte Anlagen erfordern dazu ein Heizölmessgerät (Durchflussmessgerät). Aus der Verbrauchsmessung (m³ Gas, l Heizöl) lässt sich mit den vom Versorger bzw. Lieferanten veröffentlichten Daten auf die zugeführte Energiemenge in kWh umrechnen.

So kann für eine bestimmte Beobachtungszeit T die Energiemenge durch Zählerablesungen gewonnen werden. Der Wert N×T kann jedoch nicht unmittelbar genutzt werden. Die der Heizungsanlage zugeführte Energiemenge wird nicht in gleicher Menge als Wärme dem Gebäude zugeführt. Hier ist der Wirkungsgrad η

der gesamten Heizungsanlage noch zu berücksichtigen. Die Werte für den Wirkungsgrad η liegen zwischen 0,85 und 0,95.

Der am Zähler abgelesene und in kWh umgerechnete Energiewert muss daher mit dem Wert von η multipliziert werden. Dann gilt

$$C \times \frac{T}{\tau} \times (\vartheta_2 - \vartheta_0) = \eta \times N \times T$$

und C kann errechnet werden, wenn die beiden Temperaturen ϑ_2 und ϑ_0 während der Mess-Zeit T festgestellt werden:

$$C = \eta \times \frac{\tau \times N}{(\vartheta_2 - \vartheta_0)}$$

Zur Messung sind folgende Punkte zu beachten:

- die Heizungsanlage muss sich im Konstant-Temperaturmodus befinden,
- die Außentemperatur sollte im Zeitintervall T möglichst konstant bleiben,
- die Messzeit T sollte lang sein,
- eine eventuell vorhandene Warmwassererwärmung muss während T abgeschaltet sein.
- es sollte keine Sonneneinstrahlung auf das Gebäude einwirken.
- Lüftungen sollten nur im üblichen Umfang vorgenommen werden.

Kontrolle der ermittelten Werte durch eine 24-Stunden-Messung

Die ermittelten Werte lassen sich durch eine Messung des Energieverbrauchs über 24 h überprüfen.

Über einen Tag werden die Primärenergie, die Außen- und die Innentemperatur gemessen. Dazu sollte ein Tag gewählt werden, an dem eine weitgehend konstante Außentemperatur zu erwarten ist.

Der an einem solchen Tag gemessene und mit dem Wirkungsgrad η multiplizierte Energieverbrauch ist zu vergleichen mit einer Simulation, die mit denselben Temperaturwerten durchgeführt wird. Hierbei zeigt sich, ob die Parameter C und τ richtig ermittelt wurden. Es empfiehlt sich überhaupt, mehrere Messungen von τ und C anzustellen und daraus Mittelwerte zu bilden.

Was die Treffsicherheit der Simulationsergebnisse anbelangt, muss natürlich bedacht werden, dass die Simulation nur einen Außentemperaturwert je 24 h berücksichtigt. Hier muss man sich mit Mittelwerten begnügen, auch schon deshalb, weil der Tagestemperaturverlauf über einen längeren Zeitraum nicht bekannt ist. Es wird auch keineswegs empfohlen, die Einstellungen der Heizungsanlage täglich zu ändern. Eher sollte der Beginn oder das Ende einer Kälteperiode Anlass sein, die Einstellungen zu ändern.

Zusammenfassung

Das thermische Verhalten eines Gebäudes lässt sich durch 2 Parameter beschreiben, durch C, die Wärmekapazität, und durch τ, die Abkühlungsgeschwindigkeit. Ihre Kenntnis ist die Voraussetzung für eine Simulation der Heizungsanlage, die mit dem Gebäude eine Simulationseinheit bildet.

Es wird gezeigt, wie die Größe τ durch Temperatur- und Zeitmessungen ermittelt werden kann. Um den Parameter C zu bestimmen, muss eine Verbrauchsmessung der zugeführten Energie ausgeführt werden. Hierzu wird eine Anleitung gegeben.

Die Treffsicherheit der Ergebnisse wird angesprochen.

Welche Erkenntnisse lassen sich aus den Simulationen gewinnen?

15

Es hat sich durch die Simulationen gezeigt, dass Temperaturabsenkungen nicht so sehr den Energieverbrauch vermindern, wie man es sich üblicherweise vorstellt. Das lässt sich damit erklären, dass in der Phase der Abkühlung zwar keine Wärmeerzeugung stattfindet, dabei aber auch eine Wärmemenge Q, die im Raum gespeichert ist, verloren geht. Diese Wärmemenge muss beim nachfolgenden Aufheizen wieder nachgeliefert werden. So weit ist nichts gewonnen. Eine Einsparung tritt nur dadurch ein, dass in den Phasen III und IV das Temperaturniveau, und so auch die Verlustwärme, geringer ist – im Vergleich zum Heizen ohne Absenkung.

Die Praxis mancher Benutzer, auch bei kurzer Abwesenheit die Heizungsanlage abzuschalten, ist wohl der Intuition zuzuschreiben: So lange die Anlage abgeschaltet ist, verbraucht sie auch keine Primärenergie – folglich wird der Verbrauch verringert. Es wird dabei übersehen, dass die Anlage beim Wiedereinschalten die Wohnung wieder auf die Solltemperatur aufheizt und den Wärmeverlust kompensiert. Eine durchgeführte Simulation eines Wintertages für eine 1-stündige Absenkung weist eine Ersparnis von 0,04 % aus!

Das Temperaturniveau stellt sich bei der Abkühlung umso niedriger ein, je größer die Abkühlungsgeschwindigkeit und je länger die Absenkungsdauer ist. Deshalb findet man bei kleinen τ-Werten eine höhere Wirkung der Temperaturabsenkung. Im anderen Fall, d. h. bei sehr hohen Werten von τ, bewirkt eine Temperaturabsenkung kaum eine Einsparung im Energieverbrauch.

Wählt man sehr tiefe Werte der Absenkungstemperatur ϑ_1, so hat das meist keine Wirkung: Es schadet nicht, es nützt aber auch nicht. Man sollte hiervon keine großen Erfolge erwarten. Mehr Nutzen bringt eine längere Dauer der Absenkung – allerdings schränkt dies den Komfort ein, da die Aufheizdauer länger wird.

Wesentliche Einspareffekte lassen sich erzielen, wenn ein Gebäude/eine Wohnung mehrere Tage nicht bewohnt ist und ein Urlaubsprogramm aktiviert wird. Hier führen dann auch tiefe Absenkungstemperaturen zu guten Ergebnissen.

© Springer Fachmedien Wiesbaden 2015
D. Allmendinger, *Heizstrategie – Die Simulation von Heizungsanlagen*, essentials,
DOI 10.1007/978-3-658-11940-9_15

67

Die oft gegebene Möglichkeit, eine kleine oder hohe Aufheizgeschwindigkeit zu wählen, hat keine Auswirkung auf den Energieverbrauch. Bezüglich des Komforts ist natürlich eine kurze Aufheizdauer von Vorteil.

Wichtig mag sein, dass man sich über die Werte C und τ eines Gebäudes/einer Wohnung Klarheit verschafft. Die Ermittlung der beiden Parameter ist nicht einfach, lässt dann aber erkennen, wie es um die thermischen Eigenschaften bestellt ist. Das kann dazu motivieren, durch eine energetische Sanierung den Energiebedarf zu senken.

Was Sie aus diesem Essential mitnehmen können

- Sie erhalten Einblick in die Zusammenhänge von Temperatur-Absenkungsperioden und ihren Auswirkungen,
- Sie verstehen, wie sich die Innen-, die Außen- und die Absenkungstemperatur auf den Energieverbrauch auswirken,
- Sie erwerben die Fertigkeit, Simulationen von Heizungsanlagen auszuführen und durch Verändern von Parametern die optimale Einstellung für Ihre Ansprüche aufzufinden.

© Springer Fachmedien Wiesbaden 2015   69
D. Allmendinger, *Heizstrategie – Die Simulation von Heizungsanlagen*, essentials,
DOI 10.1007/978-3-658-11940-9

Literatur

Grimsehl; Lehrbuch der Physik, Band 1, §95, Wärmeübertragung
SIEMENS -Desigo – Energieeffiziente Applikationen: Prädiktiver und selbstadaptierender
   Heizungsregler – Applikationsdatenblatt
Michael Sturm, Simulation einer Gebäudeheizung, Technische Dokumentation, Institut für
   Informatik, Technische Universität München, 1998

© Springer Fachmedien Wiesbaden 2015   71
D. Allmendinger, *Heizstrategie – Die Simulation von Heizungsanlagen*, essentials,
DOI 10.1007/978-3-658-11940-9

Printed in the United States
By Bookmasters

T0147068